小艾——著

蛋糕裱花入门

超养眼韩式
豆沙裱花轻松做

江苏凤凰美术出版社

图书在版编目（CIP）数据

蛋糕裱花入门 ：超养眼豆沙裱花轻松做 / 小艾著
. -- 南京 ：江苏凤凰美术出版社，2020.12
ISBN 978-7-5580-1646-2

Ⅰ. ①蛋… Ⅱ. ①小… Ⅲ. ①蛋糕－糕点加工 Ⅳ.
①TS213.23

中国版本图书馆CIP数据核字(2020)第207835号

出版统筹 王林军
选题策划 苑 圆
责任编辑 王左佐
助理编辑 孙剑博
特邀编辑 苑 圆
责任校对 刁海裕
责任监印 唐 虎

书 名 蛋糕裱花入门 超养眼豆沙裱花轻松做
著 者 小 艾
出版发行 江苏凤凰美术出版社（南京市湖南路1号 邮编：210009）
出版社网址 http：//www.jsmscbs.com.cn
印 刷 天津图文方嘉印刷有限公司
开 本 710mm×1000mm 1/16
印 张 9
版 次 2020年12月第1版 2020年12月第1次印刷
标准书号 ISBN 978-7-5580-1646-2
定 价 49.80元

营销部电话 025-68155790 营销部地址 南京市湖南路1号

前言

感谢编辑的邀约，有机会和大家分享豆沙裱花。1999 年开始接触裱花，当时只是单纯地做订单，真正爱上裱花是 2014 年，无意中在网络上看到韩式裱花，立刻被吸引住了，完成的第一个作品是给老公做的生日蛋糕，得到的表扬与成就感让我高兴了许久。后来便一发不可收拾，从爱好到事业，一路走过来。

豆沙裱花流行起来后，给业余裱花爱好者带来了极大的方便，因为它不受温度的影响，取材很方便，可以利用一切碎片化的时间进行练习。裱花本身没有捷径，练习得越多手感越好，对于花型的感悟也会越深，才能把一朵花从形似裱到神似。

2016 年我们公司成立，建立线上教学平台，使很多裱花爱好者不用出远门就能学习裱花技能。为了让大家更好地领悟，我们也不断从手部配合、角度、位置、力度等方面进行总结，力求使大家听得懂看得明白，以便于更好地进行吸收练习。

豆沙裱花从最开始比较规则的花型到现在流行的自然系花型，技巧应用越来越多。很多新入门的裱花爱好者往往会忽视基础的东西，也会有很多学员来询问一些裱花嘴的区别，不知道从哪里入手。本书从认识豆沙、认识裱花嘴开始，一步一步带领大家走进裱花世界的大门。

书中基础理论所占的篇幅较多，希望读者能有个扎实的开始。至于书中实例我们挑选了不同种类的花型进行演示，有传统花型，也有自然系花型，以便大家对豆沙裱花有个全面的了解。同时增加了一些豆沙糖皮和蕾丝的应用装饰技巧，我们在完成作品的时候也可以灵活应用。部分花型也开放了视频观看权限，扫一扫二维码就可以观看完整讲解与演示。

给大家的练习建议：刚开始练习的同学，会有不同程度的手部酸痛，也会因为裱不出漂亮的花朵而感到气馁。这是入门的一个阶段，只要坚持下来，就会越来越好。如果反复练习裱一朵花而始终裱不好，不要纠结，也不要死撑，可以暂时放下。过两天重新练习，你会发现比上一次好很多。

裱花是一件愉快的事情，去享受它就好。

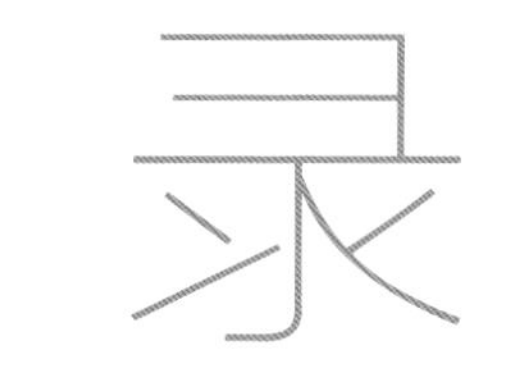

豆沙裱花基础知识

豆沙裱花实例

豆沙裱花基础知识

关于豆沙

我们制作豆沙裱花用的豆沙是由白芸豆制作而成的，也可以购买水性豆沙。韩国豆沙黏性好，做出的裱花作品形态会更好，但是购买不方便且价格偏高。在制作所需黏性较强的花型时，也可以将国产豆沙和韩国豆沙混合，改变其软硬度及黏性状态，也利于豆沙裱花操作。

韩国豆沙： 有以下两个比较好的品牌。春雪豆沙，偏硬，裱花时要加入牛奶等液体或更软的豆沙调节使其变软。白玉豆沙，偏软，分为两种包装，35%甜度的可以直接用来裱花；55%甜度的较软，可以跟春雪豆沙或国产豆沙进行混合，调节豆沙状态。在国内可以购买小包装的白玉豆沙。

国产豆沙： 国产豆沙品牌较多，含水量也各不相同，黏性比韩国豆沙弱。我们会根据特性进行一些后期的调整。

韩国豆沙

国产豆沙

豆沙在没有打发的时候，颜色有些发黑。韩国豆沙看着黑但搅拌后会变白，也会越拌越软，黏性很好；国产豆沙搅拌后也会变白，但是颜色相差不大，黏性一般。为了增强黏性，可以在国产豆沙中加入豆沙总量的 5% 的玉米糖浆一起搅拌均匀。

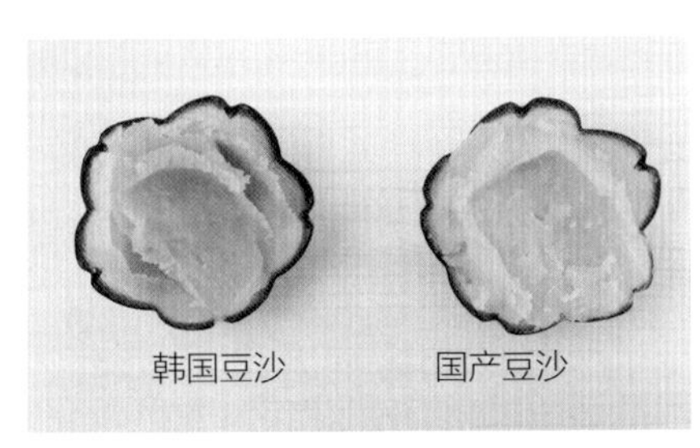

搅拌前

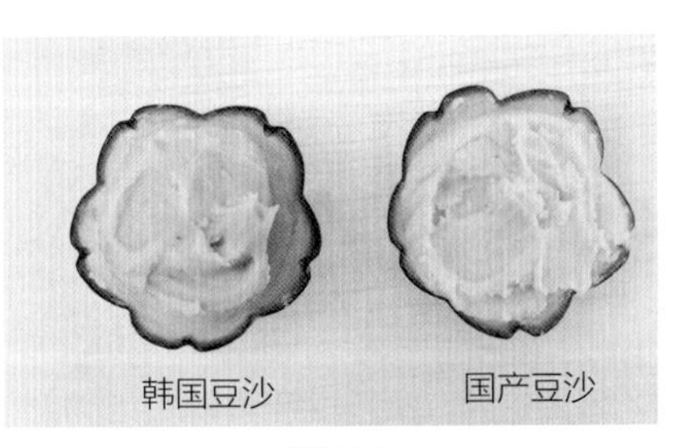

搅拌后

自制豆沙

如果没有购买成品豆沙，可以自制豆沙。

配方： 白芸豆 600 克、白砂糖 30 克、牛奶 60 克、玉米糖浆 160 克。

白芸豆没水泡发一夜后去皮。

加入料理机，加水没过豆仁，打成豆糊。

将打好的豆糊倒入不粘锅。

加入白砂糖、牛奶、玉米糖浆。

开火炒至糊状，中途要不停搅拌，防止糊锅，一直到可以裱花的状态即可。

冷却后的豆沙会比刚炒好时干些，因此收火的时候可以略湿些。炒好的豆沙不要暴露在空气中，以免干裂。

豆沙的搅拌

正常练习时我们可以用刮刀搅拌，量多可以用电动打蛋器或厨师机搅拌。电动搅拌要用中慢速，搅拌的时间不宜过长，1~2 分钟为宜，可用厨师机的 A 字桨进行搅打。

如果豆沙本身的软硬度适中，搅拌后可以直接使用。正常用于裱花的豆沙状态是微微粘手到不粘手之间。如果完全不粘手，豆沙太干，挤的时候会特别费力；如果太湿，裱花时容易支撑不住花瓣，也会使花瓣产生过多的锯齿。

手动搅拌

厨师机搅拌

常用豆沙配方及状态调节

如果豆沙偏干，我们常用以下几种方法来进行调节。

·配方1：国产豆沙+韩国白玉豆沙·

除了自然系花型，在裱花时，我们不希望花瓣的边缘出现过多的毛边和锯齿，这样会显得花朵很粗糙。因此在裱花时我会在国产豆沙里加一些白玉豆沙，以调节黏性，添加的比例不固定，主要看国产豆沙的软硬度。偏干的豆沙会放一半的量，如果豆沙本身较软可以少放一点，否则会越拌越软。

此配方适合裱制比较精致的花型，花朵边缘不会出现锯齿。

国产豆沙加入适量韩国白玉豆沙

手动搅拌均匀

·配方2：国产豆沙+水（或其他液体）·

如果没有白玉豆沙，在正常裱花时，可以加液体来调节豆沙的软硬度。通常添加量是每500克豆沙加入5~10毫升水，具体要看豆沙的软硬度来进行调节，也可以加入玉米糖浆、牛奶、酸奶、果汁等液体来调节口味，最终主要看豆沙状态是否利于裱花。

如果我们要裱制自然系的花型，就在搅拌好的豆沙里加入白色素。

国产豆沙加入液体搅拌到裱花状态

加入白色素

·配方 3：国产豆沙 + 黄油 + 白色素（用于自然系花型）·

这个配方我们通常用来裱自然系的花型。加入黄油会使豆沙更顺滑，打发后豆沙偏软的情况下支撑力会更好。加入白色素后能调出比较鲜艳的颜色，色彩较正，加上花嘴的修整和手部力道的掌握，使花瓣产生自然的毛边，看起来更贴近于大自然的花朵。

材料：国产豆沙 2500 克、黄油 150 克、白色素 15 毫升。

将黄油软化，加入豆沙中，再加入白色素，用厨师机搅拌均匀即可。

国产豆沙加入软化的黄油和白色素

用厨师机搅拌均匀

小贴士

1. 加入白色素的豆沙，需要随时盖上保鲜膜或抹布，避免长时间暴露在空气中，防止干裂。
2. 加入黄油成分后，需要冷冻的花型冷冻成型的时间会缩短，也可以使豆沙的甜度降低，状态更顺滑。

影响裱花花瓣形态的三个要素

在裱花时，有的花型需要花瓣边缘尽量平整，没有锯齿。有的花型比如自然系，需要花瓣产生一些破边。花瓣最终状态形成，主要取决于三个要素：

（1）豆沙的状态：豆沙的状态至关重要，豆沙太干，不易挤出，易起锯齿；豆沙水分太多，豆沙黏性会减弱，也易起锯齿。因此合适的配方和状态是形成裱花效果的关键（反复练习后，豆沙状态会越来越差，不利于裱出圆润的花瓣）。

（2）裱花嘴：裱花嘴尖头的部分太薄，裱花外缘容易起锯齿。裱花嘴大口和小口比例相差较大也容易起锯齿。因为同样大小的受力，大口的部分豆沙会先被挤出来，小口部分就会断断续续。我们可以将小口的地方稍微撑大一点，或者将大头的部分夹薄，减小两边的宽度比例，这样做出来的花瓣也会相对平整些。薄一点的裱花嘴产生的破边效果会更自然一些。

（3）手部的力度：手部的力度也是我们控制花瓣形态的重要因素。手部用力要均匀持续，也可以控制手部的松紧来达到花瓣出齿断开的状态。

豆沙的特性与保存

豆沙放置在室温中，水分会很快蒸发，变得干硬，所以平时操作的时候可以用湿抹布或者防干盖盖住。大包装的豆沙可以分装，短期内要用的可以放在冰箱冷藏室，长时间保存的可以放在冰箱冷冻室。回温后可以正常使用。从冰箱里拿出的豆沙，用微波炉加热45秒左右，就很容易搅拌了。

操作完成的作品放置在空气中也会干硬，面积较大的豆沙作品如豆沙抹面会出现裂掉的情况。如果是当时不用的花朵，可以放置在保鲜盒中放入冰箱冷冻室，回温后会恢复柔软的状态。当天使用的花朵可以用食品罩罩上，隔绝空气以减缓变硬。

裱花工具

裱花嘴

裱花嘴的品牌很多，我们常用的就是美国 Wilton（惠尔通）和韩国裱花嘴，也会用到部分定制或手工裱花嘴。Wilton 和韩国裱花嘴的型号是一致的，大部分可以通用，只是形状和大小上会微有差别。比如 104 型号都是直口裱花嘴，但是 Wilton104 比韩国 104 要大一点。Wilton349 的比韩国 349 小得多。

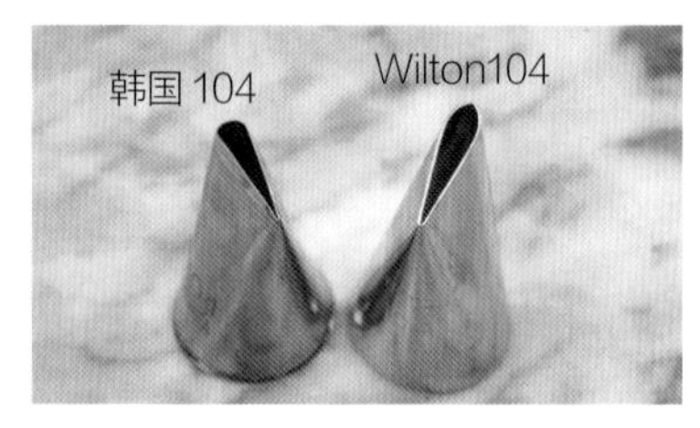

韩国 104 与 Wilton104 裱花嘴对比

Wilton349 与韩国 349 裱花嘴对比

从材质上来讲，Wilton 裱花嘴更软一些，需要手工修整的要用 Wilton 裱花嘴。韩国裱花嘴比较硬，夹起来比较费力。另外，有些型号是两个品牌特有的，韩国 124k 、韩国 125k 是韩国特有型号，Wilton 是没有的；Wilton101s、Wilton353 的形状和大小也是韩国裱花嘴没有的。

· 裱花嘴的大中小号 ·

裱花嘴的大中小号，主要是以裱花嘴底部的直径来进行区分的。在裱花操作中，大号裱花嘴较少使用，裱制正常大小的花型常用的是中号裱花嘴，小花型、配花、叶子、细节等用的是小号裱花嘴。大号底部直径为 3 厘米，中号底部直径为 2.5 厘米，小号底部直径为 1.8 厘米。

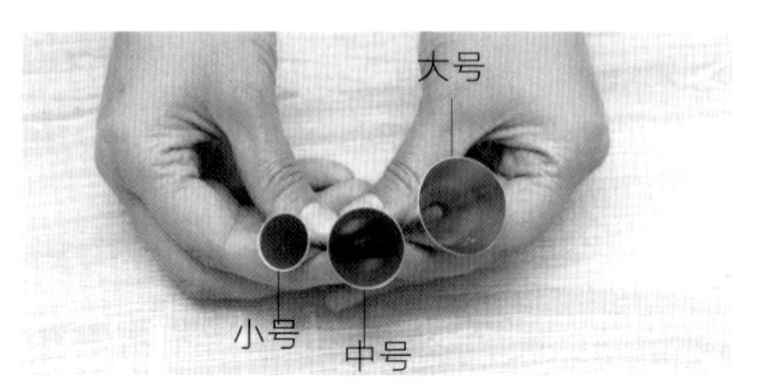

裱花嘴大中小号区分

常用裱花嘴分类

· 直口裱花嘴 ·

直口裱花嘴是最常用的，通常用来裱大叶子、玫瑰、毛茛等大部分花型。直口裱花嘴的型号是按大小来区分的：从小到大常用的有 10 个型号，通用型号为 9 个（101、102、103、104、124、125、126、127、128）。101、102、103 型号通常用来裱制梅花等小的花朵。

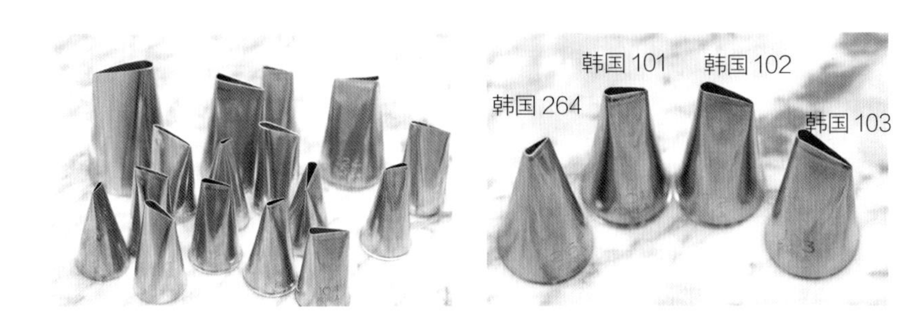

一般制作玫瑰、毛茛的花瓣使用小号 104 或中号 124、125 花嘴。Wilton 花嘴最小的型号是 101s，韩国花嘴最小的型号是 264，比 Wilton101s 稍稍大一些，一般用于裱制超迷你花型或者一些花型的花心部分。

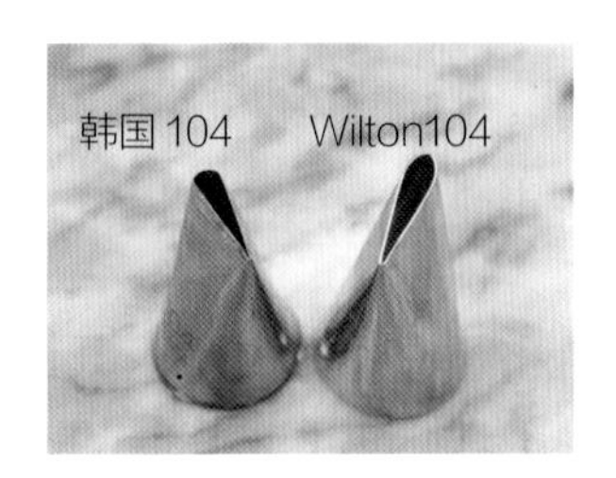

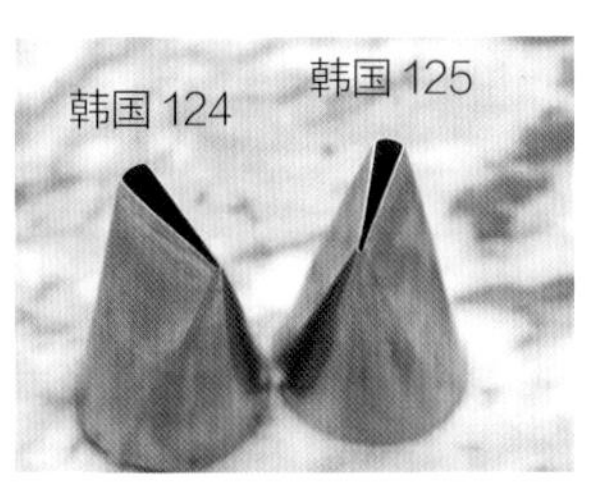

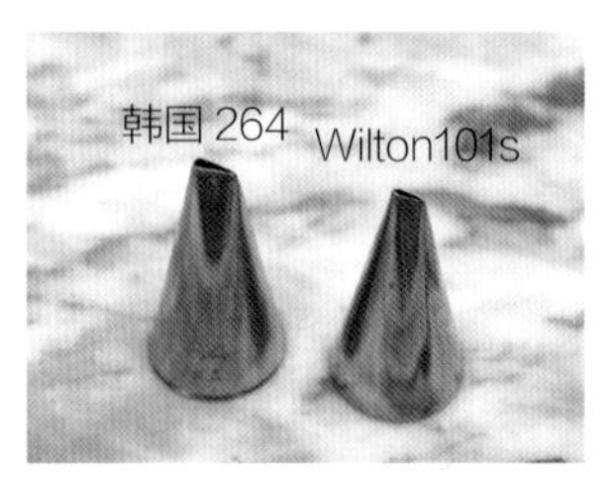

手工定制的直口裱花嘴，我们平时常用的尺寸有以下四种：开口长度 10 毫米（相当于韩国 102 裱花嘴大小），开口长度 13 毫米（相当于韩国 104 裱花嘴大小），开口长度 17 毫米（相当于韩国 124 裱花嘴大小），开口长度 20 毫米（相当于韩国 126 裱花嘴大小）。开口长度 20 毫米的是我们定制的尺寸，比较常用，材质较软，容易夹薄，大部分花型都可以用。中等花型用开口长度 13 毫米或 17 毫米的。开口长度 10 毫米的通常用来裱制梅花等小的花朵。

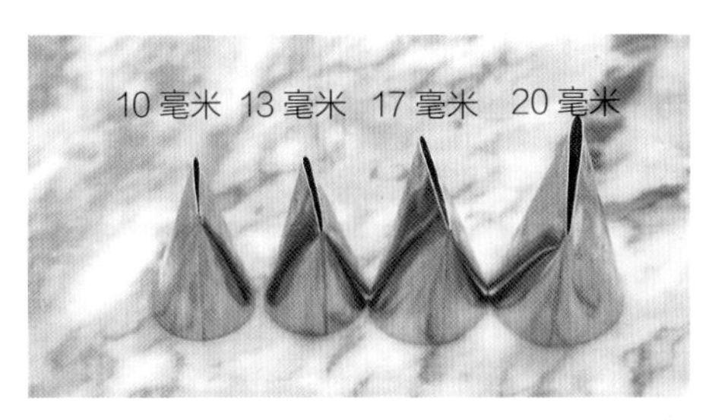

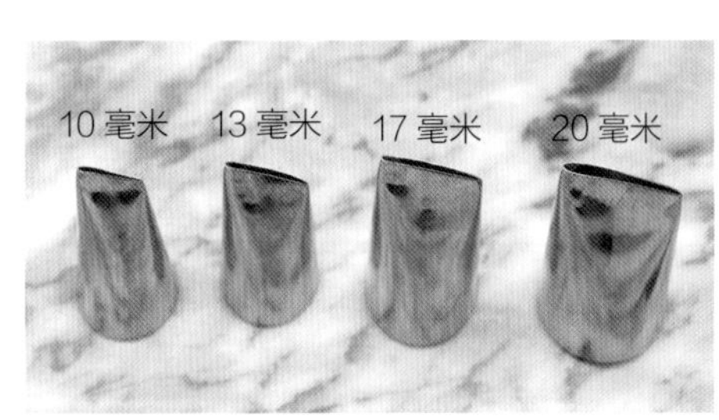

手工定制直口花嘴

在裱花的时候很多花型需要将裱花嘴夹薄使用。Wilton 裱花嘴的材质相较韩国裱花嘴软一些，我们常用 Wilton 或者定制裱花嘴进行修整（具体方法见第 18 页）。

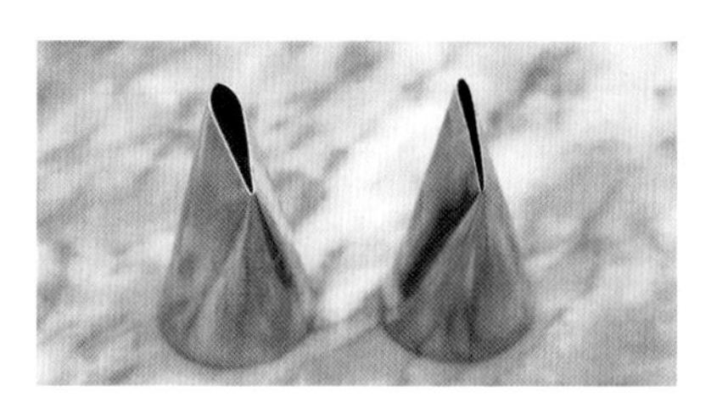

Wilton104 裱花嘴夹薄前后对比

除了以上通用型号，韩国直口裱花嘴还有 124K、125K、126K 这三个型号，Wilton 没有这三个型号。普通的直口裱花嘴都是一头大一头小，这三个型号是韩国裱花嘴特有的型号，开口两边是 样大的。裱花嘴稍微带点弧度，同直口裱花嘴一样。可以用来裱制玫瑰、毛茛、康乃馨等花型。常用的是 124K、125K。这个系列裱花嘴较薄，如果裱花时锯齿太多，可以稍微撑一下使用（见第 17 页，“手工修整花嘴”之“小口撑大”）。

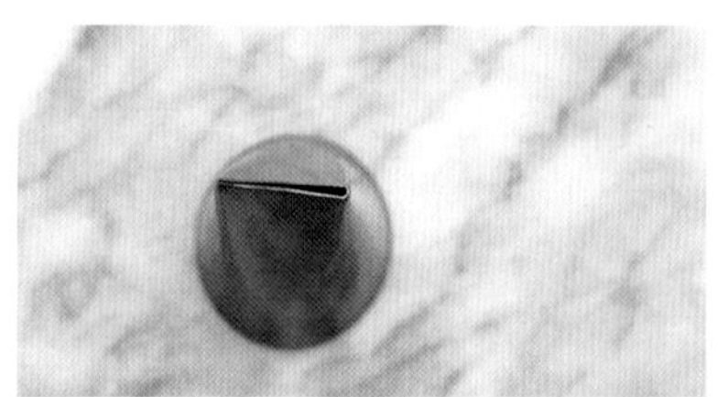

· 眉形裱花嘴 ·

眉形裱花嘴一般用来裱花苞、牡丹等花型。因开口较大裱制部分花型时也需要夹薄一点使用。韩国眉形裱花嘴有 8 种型号，由小到大型号依次为：59°、59、60、61、120、121、122、123。Wilton 眉形裱花嘴型号只有 4 种，分别为：59s、59、61、123。其中 120、121、122 裱花嘴尺寸只有韩国裱花嘴才有。另外 Wilton 59s 比韩国 59° 裱花嘴小一点，一般用来裱制细长条的花瓣或者迷你的花型、花心部分。

不同尺寸的眉形花嘴

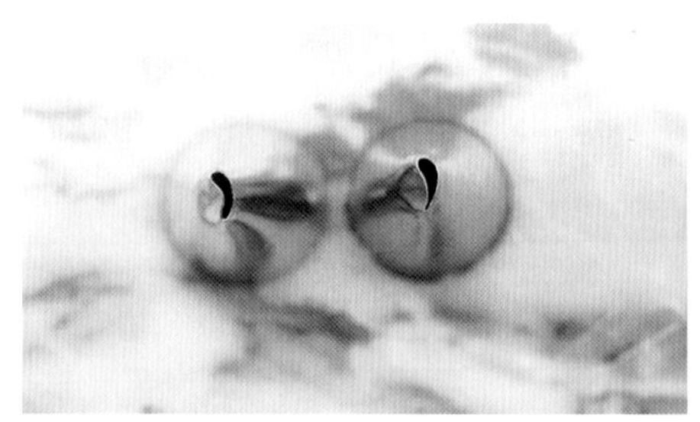

Wilton 59s 和韩国 59° 眉形花嘴

常用来裱制中等花型的是122、123花嘴，自然系裱花常用夹薄的花嘴，我们通常是将Wilton123花嘴夹薄（见第18页）。

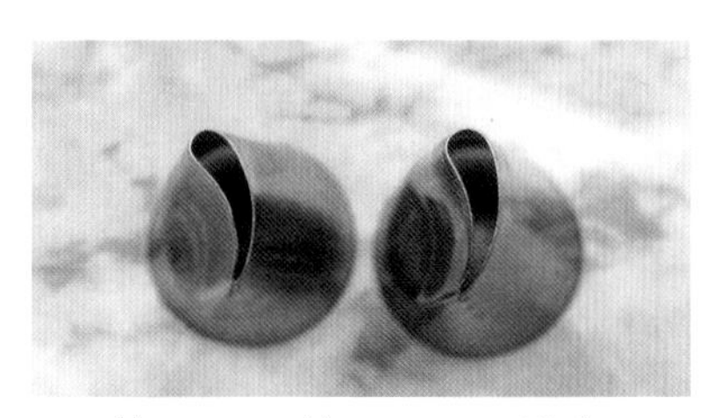
韩国122和韩国123眉形花嘴

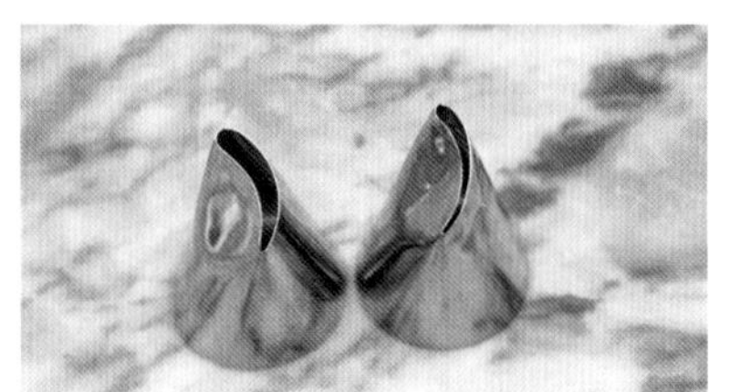
Wilton123和Wilton123夹薄眉形花嘴

·叶子形花嘴·

裱制普通大小的叶子使用的是352花嘴。为了使裱制出来的叶片薄一点，我们有时也会把352花嘴夹薄后使用。裱制比较厚实的叶片会用Wilton366花嘴。Wilton349花嘴比较迷你，比韩国349花嘴小很多，通常用来裱制迷你的叶子或花心部分等。

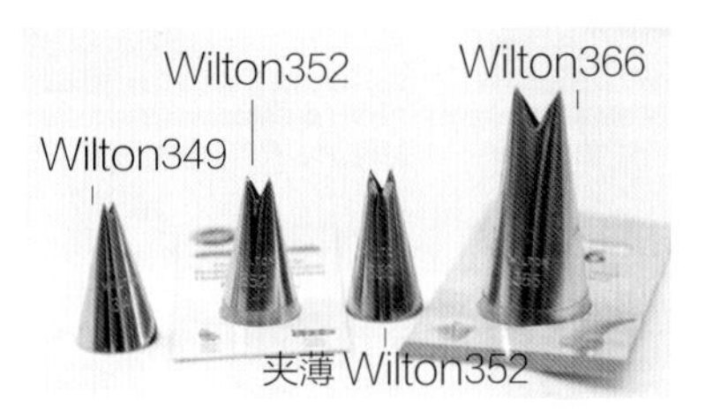

·圆孔裱花嘴·

圆孔裱花嘴一般用韩国产的，裱花嘴壁较薄且型号多，比较好用，从小到大依次有000、00、0、1、2、3、4、5、6、7、8、9、10、11、12号共15种。最小的是000号，通常用来裱制枝条、花心圆点、圆球状等。同型号圆孔裱花嘴Wilton要比韩国圆孔裱花嘴小一个号。因此，Wilton1号相当于韩国0号裱花嘴大小。在裱花时要选择合适的裱花嘴。

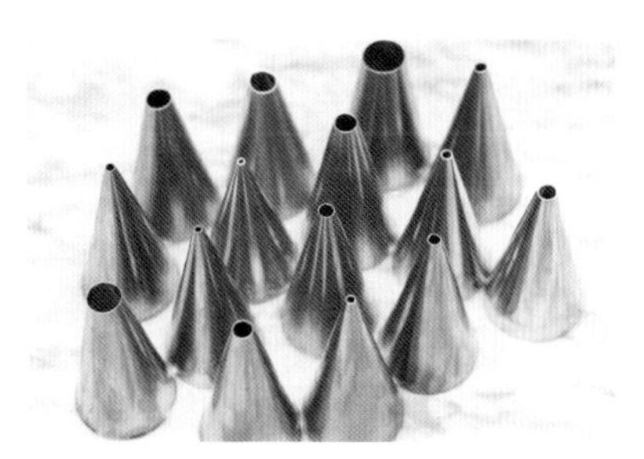
圆孔裱花嘴

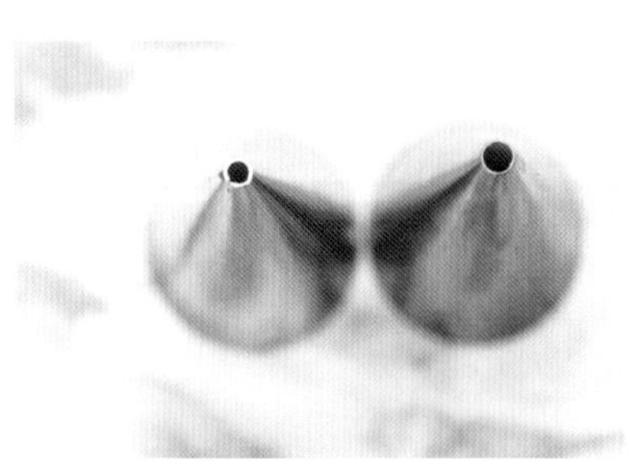
Wilton1号和韩国1号裱花嘴对比

·星形裱花嘴·

齿状裱花嘴也称为星形裱花嘴，有四齿、五齿、六齿、八齿。我们常用在裱花上的是小号裱花嘴。这种形状的裱花嘴用来裱制花心部分或者一些小配花。常用四齿裱花嘴有 50、51 号，裱制花心一般用 13、23、24 号裱花嘴。

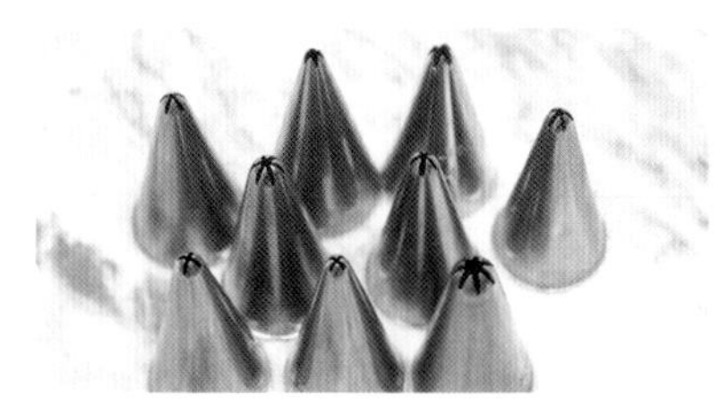

星形花嘴

· 半圆形花嘴 ·

半圆形花嘴通常用来裱菊花、松果等的形状。这个类型大一点的还有韩国手工半圆的花嘴，用来裱荷花类的花型。

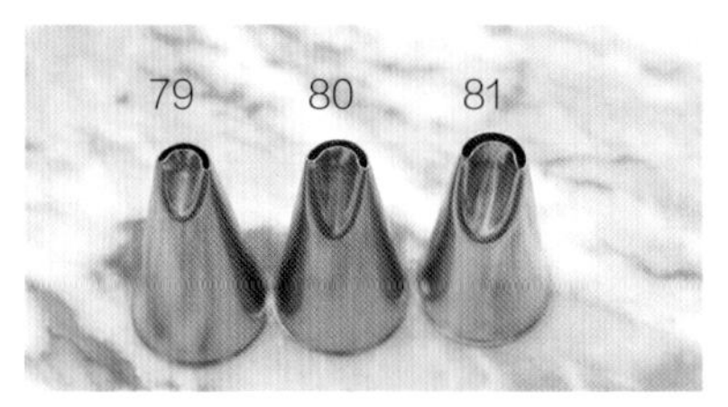

半圆形花嘴

· 其他花嘴 ·

除以上常用花嘴，我们在裱花时也会用到一些特殊形状的花嘴。比如 S 形的花嘴、多孔花嘴、手工花嘴等。具体的应用可以根据具体的花型来进行选择。

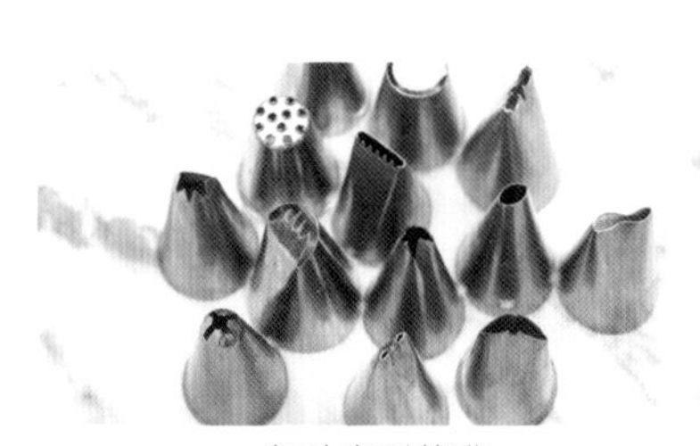

各种类型花嘴

手工修整花嘴

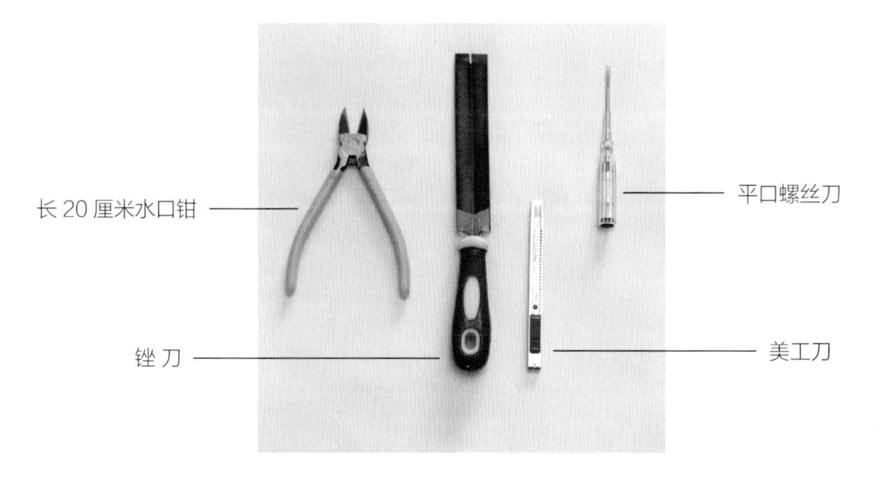

· 小口撑大 ·

部分花嘴开口太扁，在运输途中因受到挤压，小头会变得更尖，这时裱出的花瓣容易裂开。因此我们需要把开口撑开，使豆沙更容易从花嘴中通过。

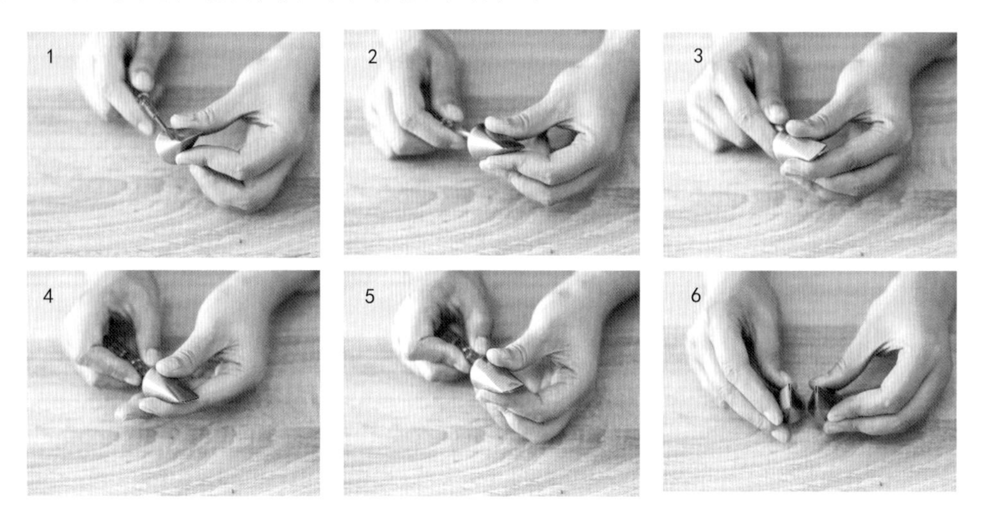

使用的工具：平口螺丝刀。

方法：将螺丝刀从后边伸入裱花嘴开口处，在需要撑开的地方用力往前撑一下。注意用力不要过猛，不能破坏花嘴边缘，可以重复多次，直到达到自己想要的效果。（示例花嘴为韩国 124K）

· 裱花嘴夹薄 ·

直口裱花嘴的修整

示例：定制 17 毫米直口裱花嘴。

从裱花嘴口向下 0.5~1 厘米处，用水口钳轻轻夹一下大头。

小口的部分通常不用夹，如果开口较大，可以稍夹一下。中间的部分轻轻夹一下。

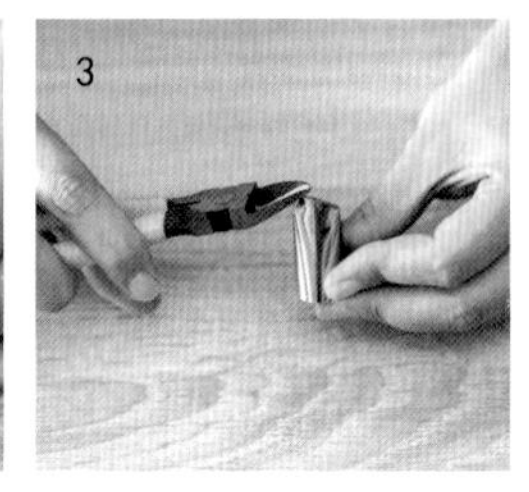

大头倾斜 45° 角夹一下，微微调整到想要的厚度。

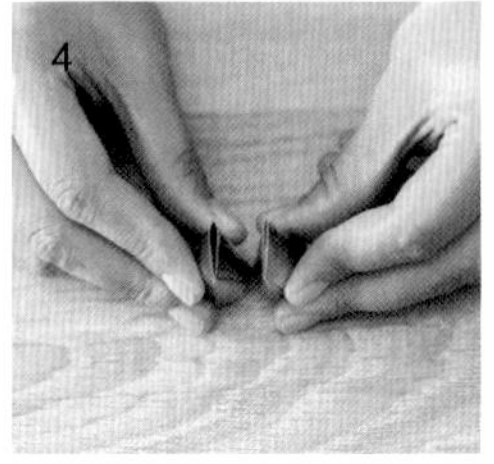

完成后对比效果。

方法：直口花嘴比较容易修整，一般不用锉刀。夹的时候钳子不要太靠近花嘴口，也不要直接让花嘴口部受力以免夹坏。用力要轻，可以多次调整，防止夹坏后不好恢复。

弧形花嘴的修整

示例：Wilton123。

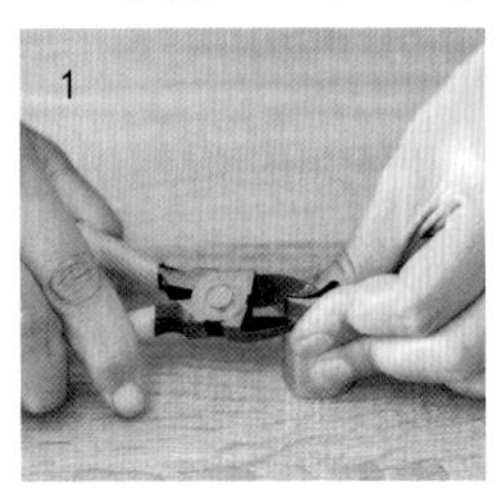

水口钳从花嘴下方 1.5 厘米处，顺着花嘴弧线的方向稍用力。

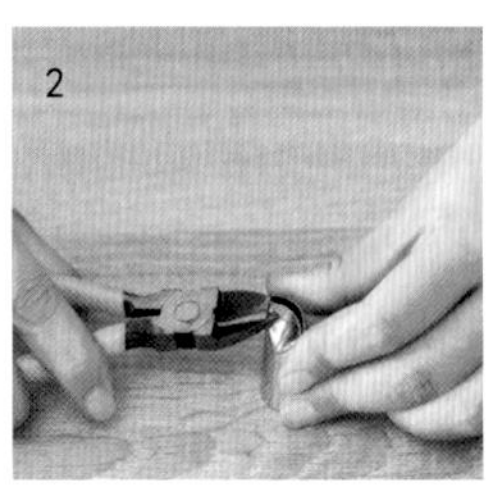

小口的部分同样轻夹，顺着弧线用力。

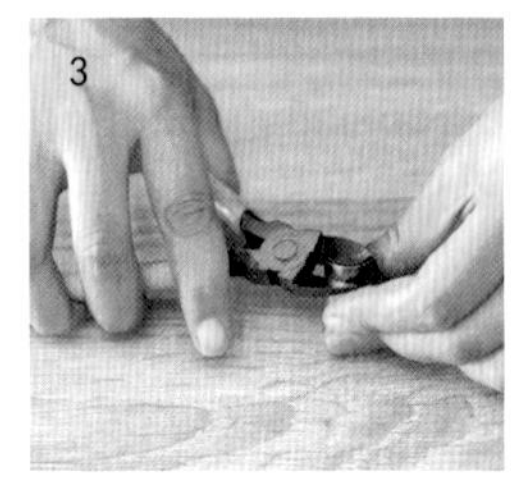

在外层中间，手轻轻推钳子，使花嘴外层受力。

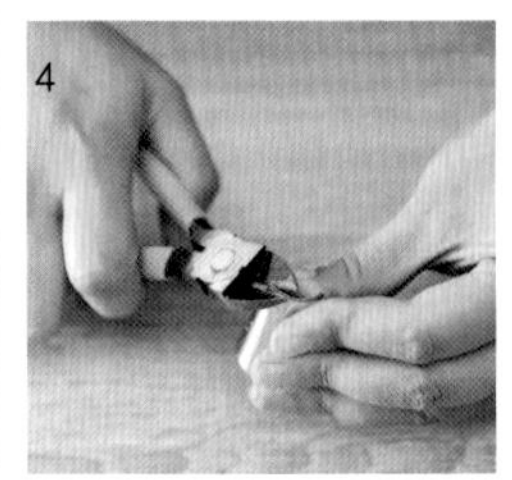

重复这个过程，调整开口大小。

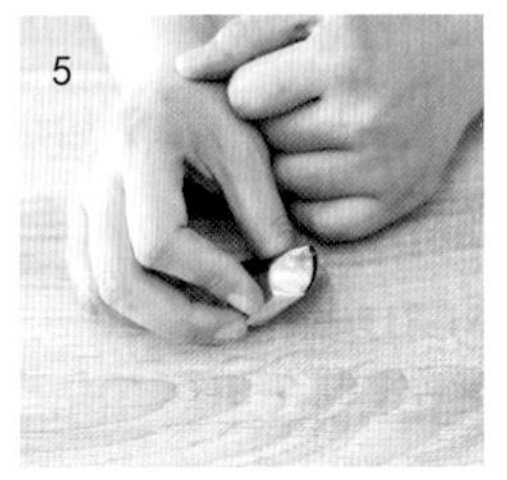

夹好后经常会出现花嘴不一样高的情况。

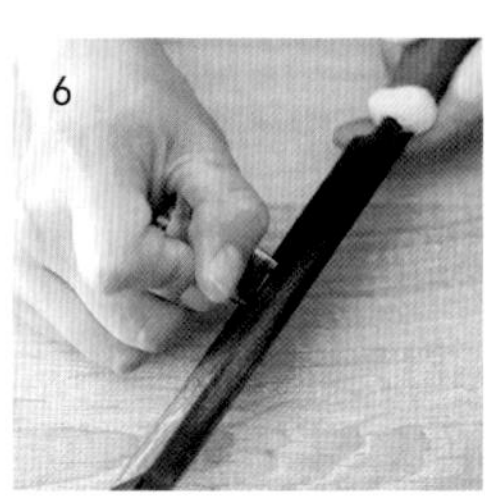

可以用锉刀将花嘴开口磨平。

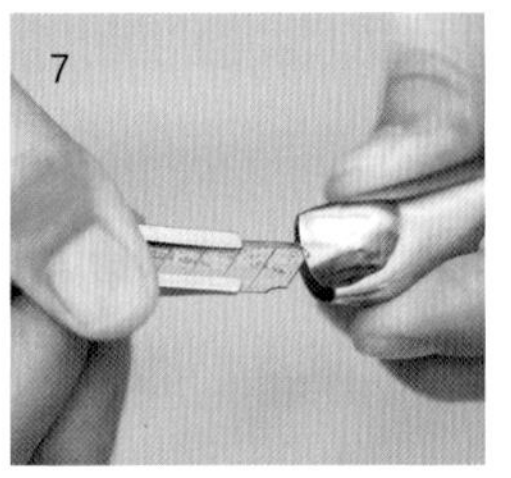

磨完边缘会粘上铁屑变粗糙，可以用美工刀划掉。

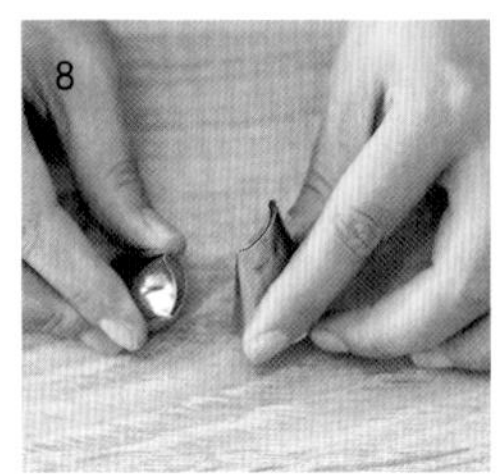

弧形花嘴修整完成。

方法：弧形花嘴不太好夹，夹完也容易出现一边高一边低。因此要少量用力多次调整，不要用力过度，以免夹坏不好修复。

转换器

当我们使用同一种颜色的材料，要用到多种裱花嘴时，最好用转换器更换裱花嘴，达到裱不同形状的目的。在裱花时小号裱花嘴用得比较多。中号的裱花嘴一般用来裱制主花型，不需要用转换器，因为需要转换的地方不是很多，而且中号的转换器都特别大，手部力量不好掌握，占用很大空间也浪费材料。

小号的转换头一般用于更换小号的裱花嘴，用于花心或一些装饰细节部分。同样的颜色需要不同的花嘴来呈现或者只有一个花嘴的情况下，要用不同的颜色去表达出来。

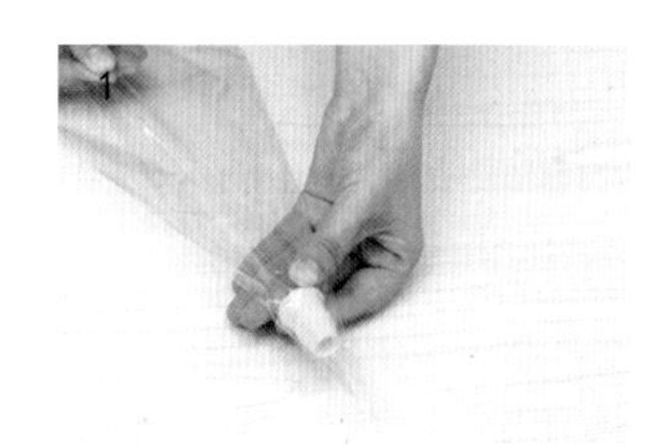

将转换器拧开，将螺丝端放入裱花袋。

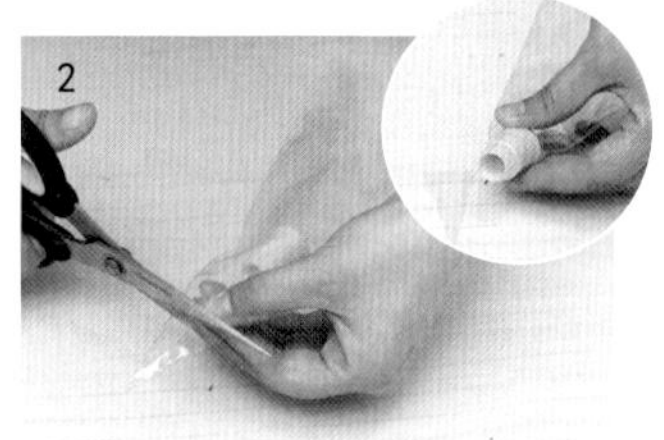

将裱花袋头部剪到合适大小，不可开口太大，要留一部分在螺帽里面，以免裱花时用力过大脱开。

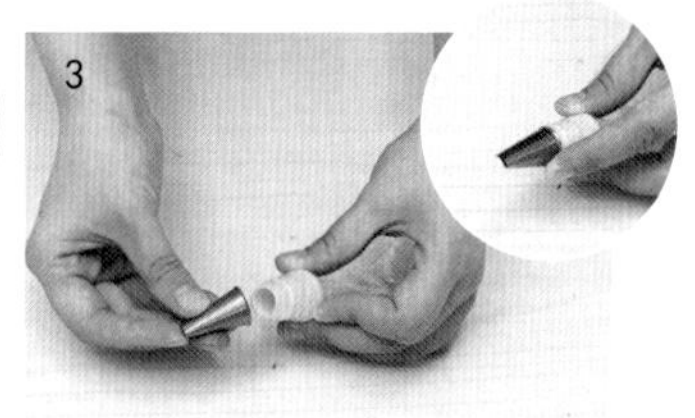

套上裱花嘴。

套上转换头螺母后拧紧。

转换器完成。

除了利用转换头，我们也可以用两个裱花袋来实现转换的目的。此种方法可以用于中号裱花嘴，避免由于转换头过大造成不便。

将材料装入其中一个裱花袋。将头部剪个孔，其直径大约是裱花嘴的大头直径。

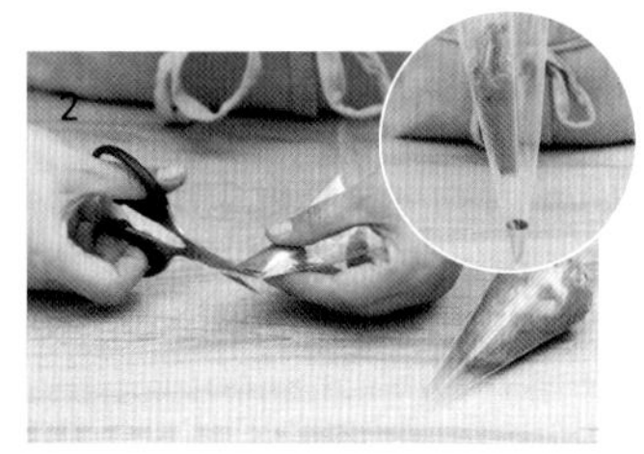

再将另一个裱花袋放入裱花嘴。将装材料的裱花袋套入即可。

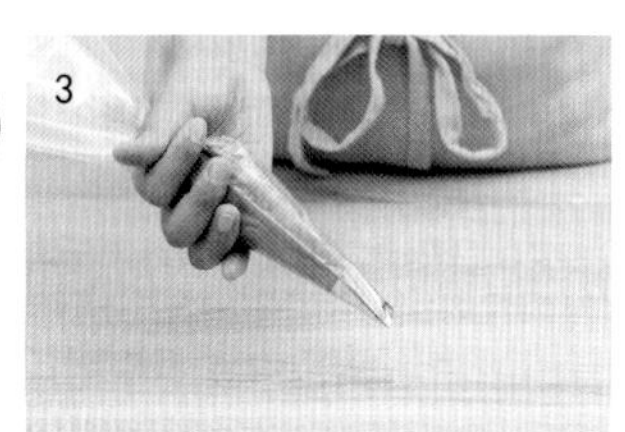

需要换裱花嘴时，拉出里层裱花袋，更换裱花嘴后再套入即可。

裱花袋

我们常用的裱花袋有两种：布裱花袋和一次性裱花袋。

· 关于尺寸 ·

用来裱花的裱花袋常用尺寸是 30 厘米长。豆沙装的不宜过多，否则不易用力，所以这个尺寸刚刚好，尾部也能够缠绕在手指上以便于用力。

一次性裱花袋和布裱花袋

· 布裱花袋 ·

可以反复使用，我们要挑选超薄的，薄的会柔软一些，这样我们缠绕在大拇指上的时候才不会造成酸痛。推荐使用韩国布裱花袋，比较薄、软，可以多次使用，也不会使材料多余的水分或油分渗出。

· 一次性裱花袋 ·

最好使用加厚的裱花袋，因为豆沙材料比较硬，裱花袋比较薄的话容易被豆沙撑破。

· 布裱花袋的清洁 ·

清洗后，可以撑开大口，立在桌面上晾干。

晾干布裱花袋

裱花钉与裱花桩

裱花钉是裱花时用来支撑花朵的，是必备工具之一。裱花钉按形状分为平面的、凸面的和凹面的三种。平面的裱花钉用于制作立体的花型，凹面的裱花钉用于制作百合之类形状的花朵。裱花桩是用来固定裱花钉的。由于市面上百合裱花钉的杆比较粗，所以要挑选孔洞直径稍大些的裱花桩。

裱花桩

· 平面的裱花钉 ·

常见尺寸：6、7、13、14 号。裱花钉通常是不锈钢材质制成的，其中带螺纹的裱花钉最好用，在转动时会产生摩擦不会打滑，也会利于裱花。最常用的是 7 号。

平面的裱花钉

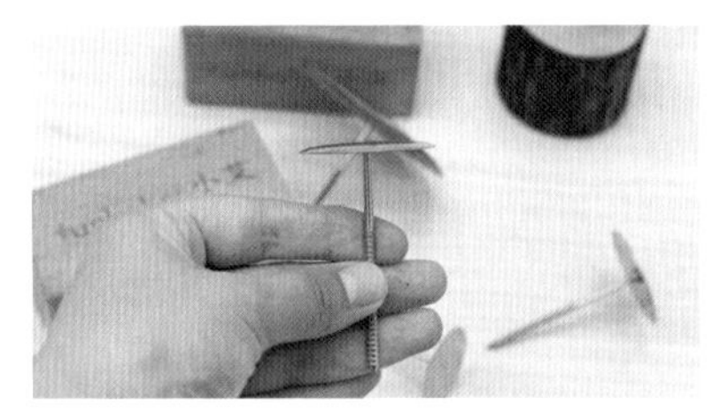
带螺纹的裱花钉

· 凹面的裱花钉 ·

用来裱制立体花型，一般一组有大小不同的几个组件，分别用于不同大小花型的裱制。常用的有不锈钢、塑料两种材质。塑料材质的凹面裱花钉一般是两个组件为一组，上面的组件用来施压，使油纸或锡纸固定形状。

使用方法：

将大小合适的油纸放在凹面上。将凸面用力往里压实。

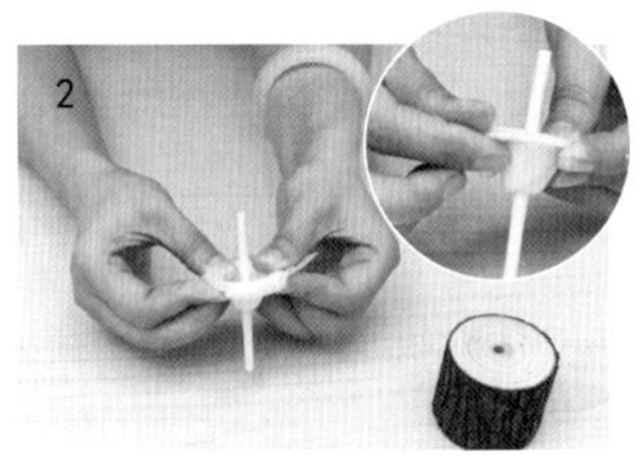

将多出外圈的油纸折叠到反面。取出凸面，就可以在油纸上进行裱花了。

花裱好后，小心取下油纸。冷冻或者晾干后，就可以取下花朵。

小贴士

在裱花前，我们可以在凹面上挤一点点豆沙或奶油，使油纸能粘得更牢，不会晃动影响裱花。

裱花剪

用于移动裱好的花朵。

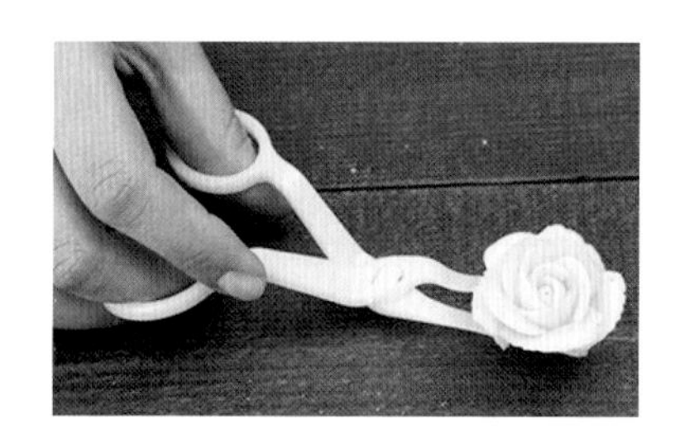

裱花油纸

我们在裱平面花型的时候，需要将其冷冻后才能取下，这个时候就要使用到裱花油纸。裱花油纸应选择双面硅油且是加厚的，太薄的油纸容易与豆沙粘得太牢不易取下，造成裱好的花朵和叶子裂掉。

使用方法：

1

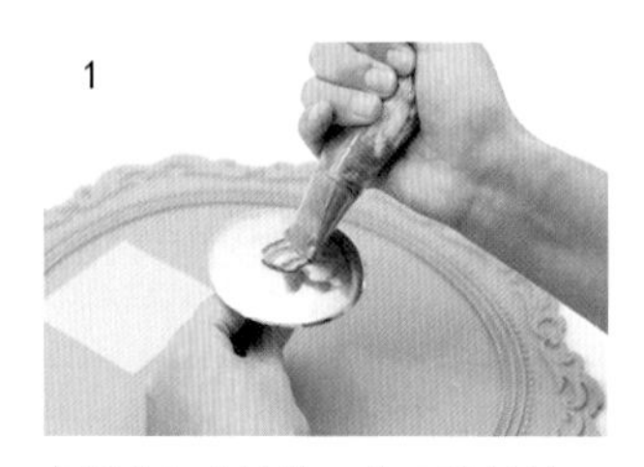

在裱花钉上涂抹一些豆沙材料。

2

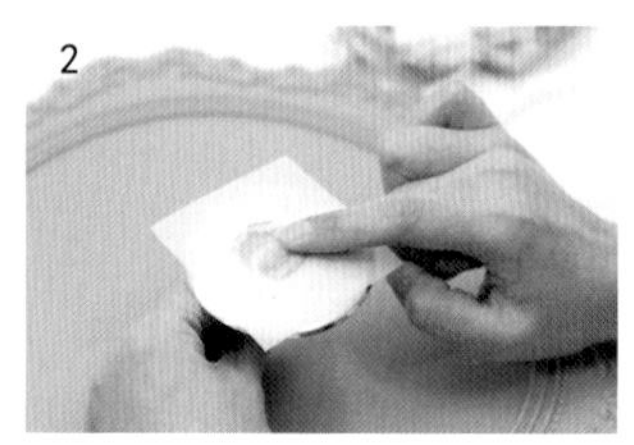

将油纸轻压粘在裱花钉上。

3

在油纸上裱制叶子或花朵。

4

轻轻取下油纸，进行冷冻或晾干。

5

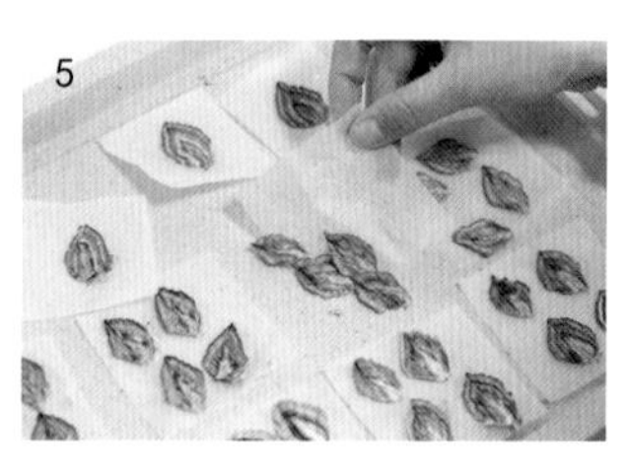

轻松取下裱好的叶子或花朵。

裱花姿势

基础姿势

左手

左手拿裱花钉，裱花钉可以放在左手食指的第一关节处（便于来回转动）。左手需要跟随花瓣的裱制转动，裱花钉最好是选择带螺纹的，防滑、方便转动。裱花钉不一定要始终垂直向上，也可以根据花型前后左右地倾斜，利于裱花。

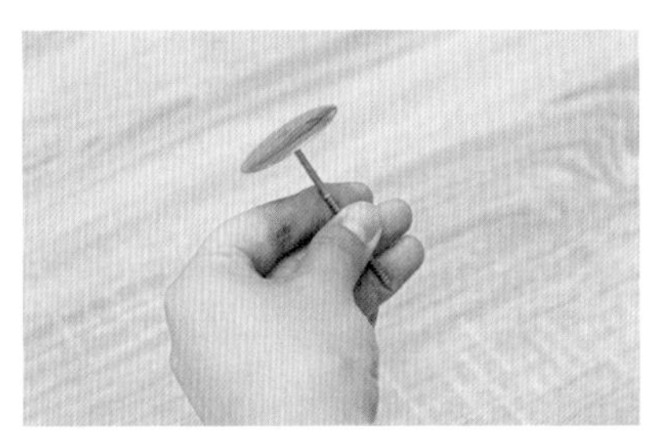

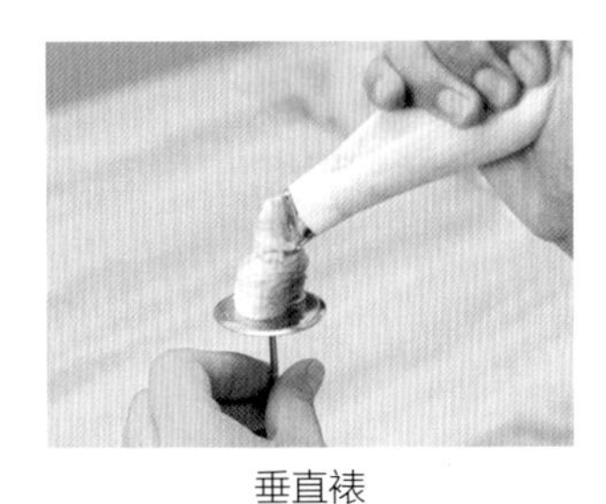

垂直裱

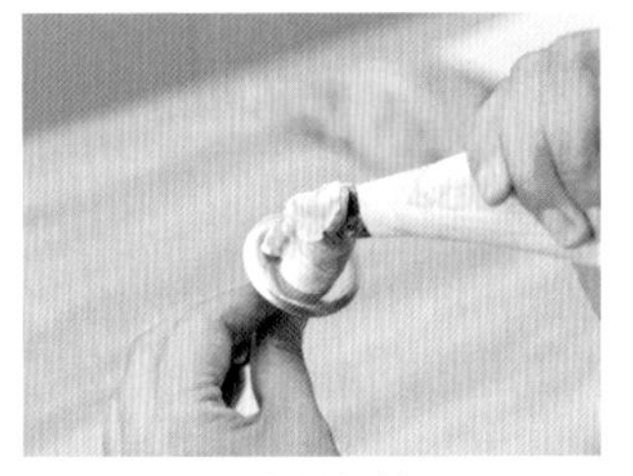

向前倾斜

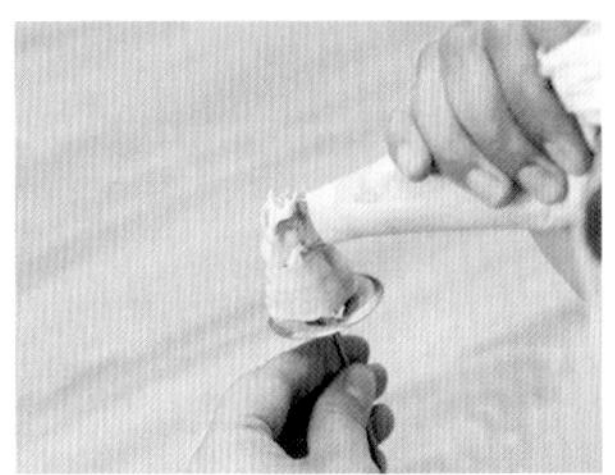

向后倾斜

右手

右手拿裱花袋，将裱花袋尾部缠绕在大拇指上，使裱花袋中的豆沙握在掌心，这样方便用力。裱花袋应装适量的豆沙，太多会使力量传导不到裱花头，挤出花瓣时受力太小，花瓣不均匀，有锯齿；豆沙量太少，掌心用力握不紧豆沙，也影响裱花的力度。装入能将豆沙握在手掌中的量即可，以四指覆盖住为宜，五指用力握，将力度均匀传导到裱花头。可以根据裱花的状态，控制力量的大小与持续时间。

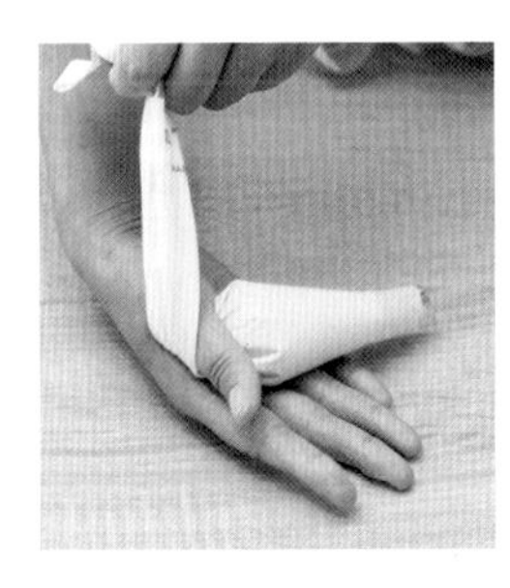

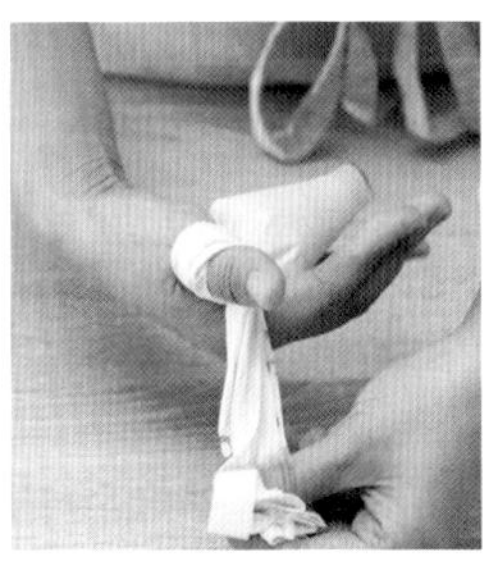

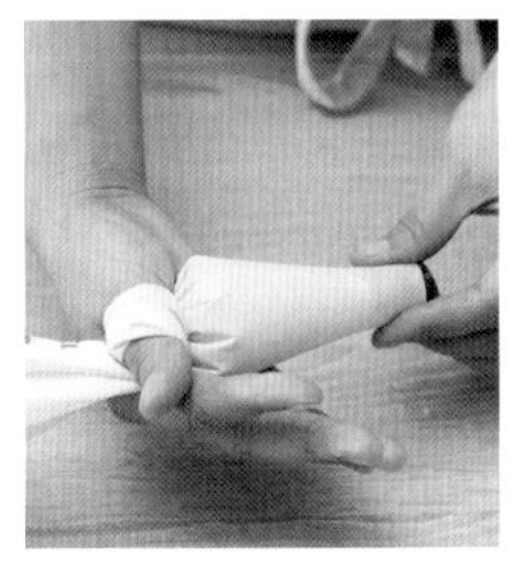

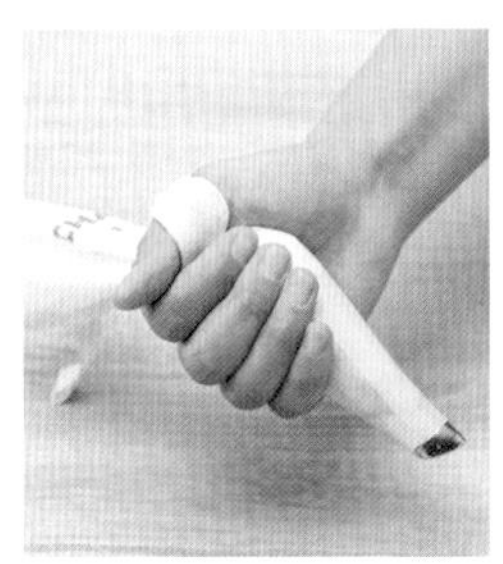

注意：尾部绕在大拇指上会便于用力，如果绕在食指上很容易使不上力气，也容易造成手指疼痛。

转动与配合

左手的转动与右手力度的配合至关重要，转动与力度是决定花型是否成功的关键因素，因此需要反复练习。大部分要求转动才能完成的花型，左手的转动与右手的动作是同时开始和同时结束的。裱花时要注意纵深的弧度，有上下的动作，不要在原地横向拉花瓣。

如何检查左右手是否同步

花瓣裱完，检查手部开始与结束时在裱花钉上的位置是否一致。如下图所示，起步与结束都在同一位置，转动正确。

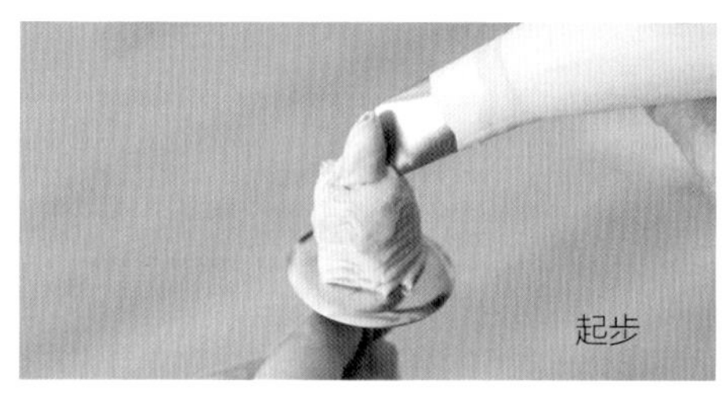

正确做法

如下图所示，起步时右手在 3 点位置，结束时在 6 点位置，说明左手转动不到位，右手有横拉动作，花瓣容易不圆滑、不均匀。

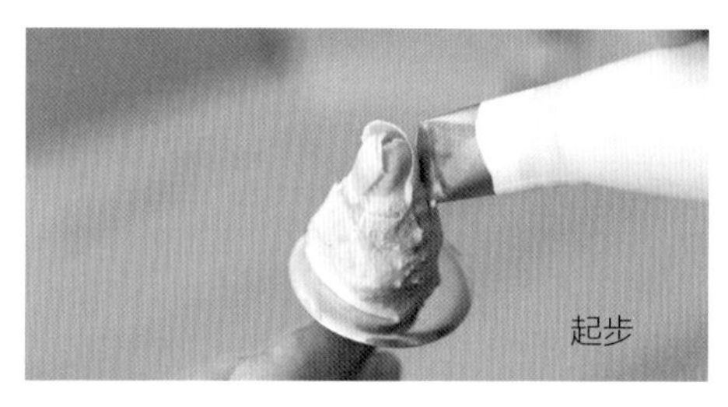

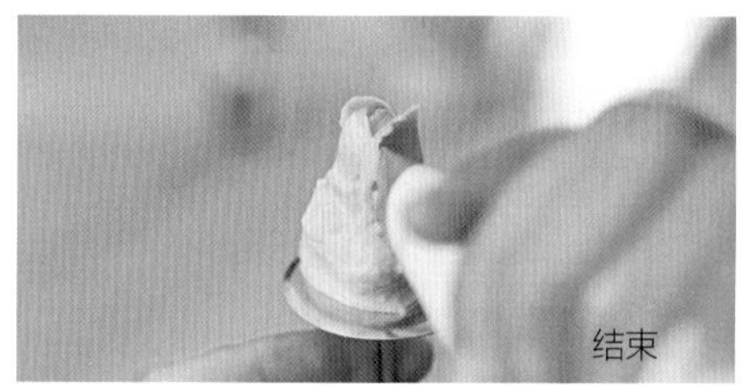

错误做法

另外，并不是所有的花型都要求左手转动，在自然系裱花中，很多花瓣不需要太规则，左手是可以不转动的，具体花型裱制中会进行讲解。

关于裱花的位置与方向

如下图所示，裱花嘴通常是一头大一头小，在裱花时小头的部分用于裱制花瓣外缘，大头的部分贴近裱花基桩（除了部分多肉花型，需要厚厚的外缘质感）。

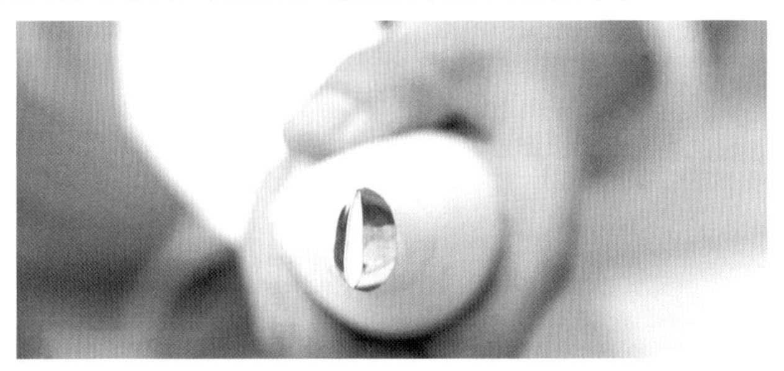

学习裱花时，首先需要了解一下裱花嘴的角度。通常我们在表述位置和方向的时候，以时针指向来进行表述。

裱花嘴的位置

通俗地讲：裱花嘴的位置是表示裱花嘴放在哪里。表述裱花嘴在裱花钉上的具体位置，就是把裱花钉的表面看成一个时钟的表面，把裱花钉看成一个表盘，上面为 12 点，下面为 6 点。比如，裱制立体花型，在起步的时候，通常把裱花嘴放在 3~5 点的位置。

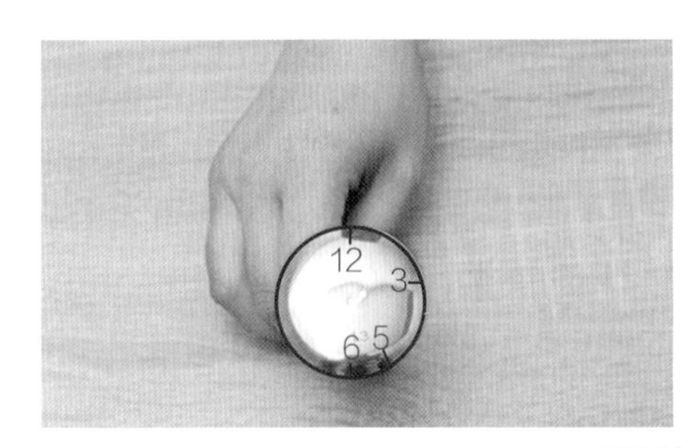

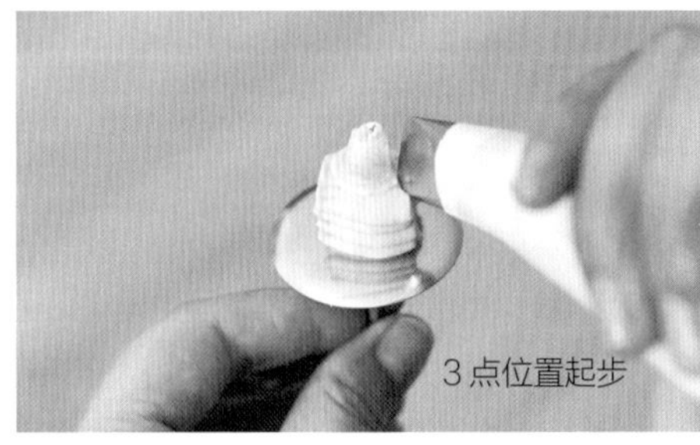

裱制立体花型

裱制平面花型：以裱叶子为例。我们以位置表述：裱花嘴 6 点位置起步，裱到 12 点位置，最后回到 6 点位置。

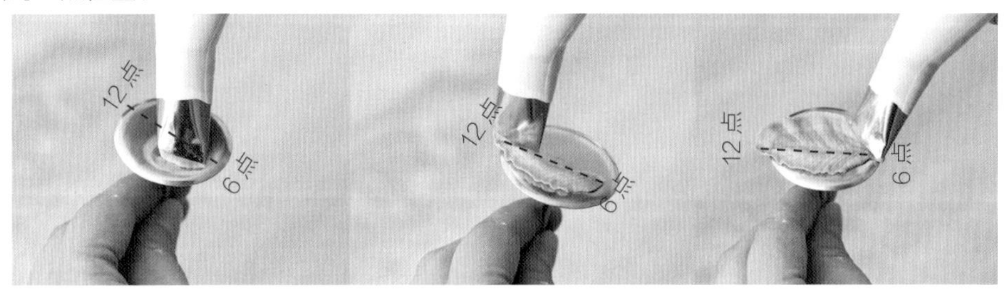

裱制平面花型

裱花嘴的方向

表示裱花时裱花嘴的倾斜角度。一种是以垂直于裱花钉盘面的空间作为时钟方向；另一种是以平行于裱花钉盘面的裱花嘴指向作为时钟方向。

第一种，我们在裱立体花型时，左手握裱花钉，可以想象我们的正前方有一个表盘，上面 12 点，下面 6 点。裱花嘴一般是直立的，大头在下，小头在上。

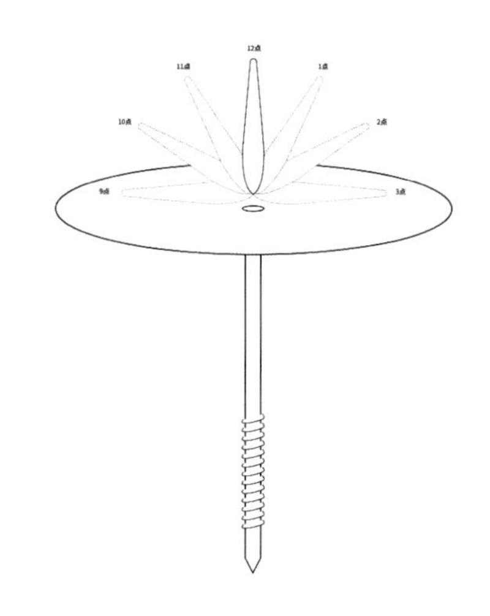

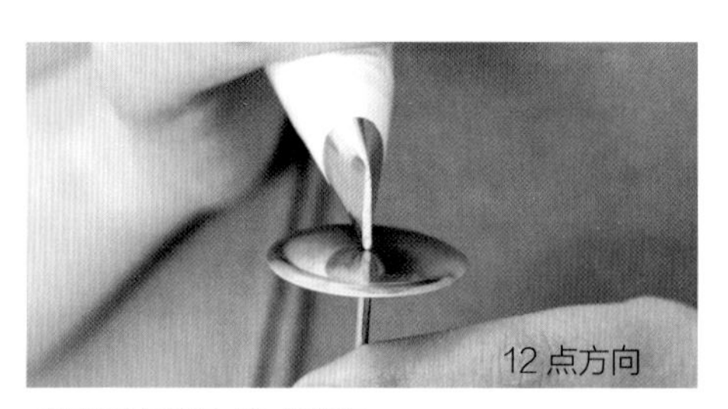

完全垂直就是 12 点方向。

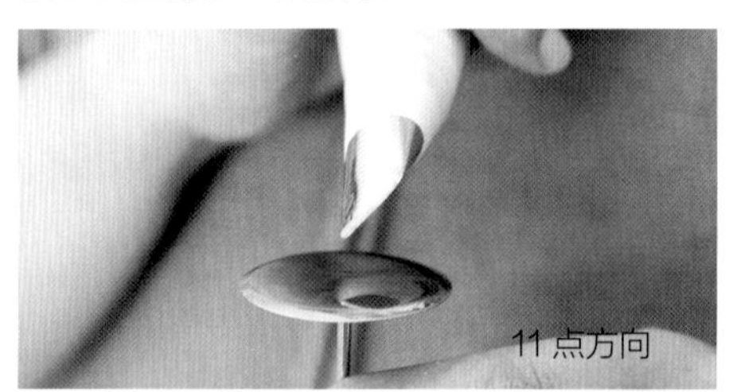

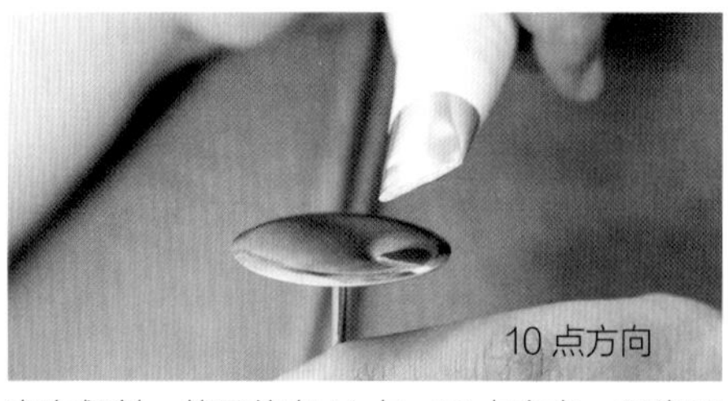

向左倾斜，就是偏向 11 点、10 点方向，通常不超过 9 点。

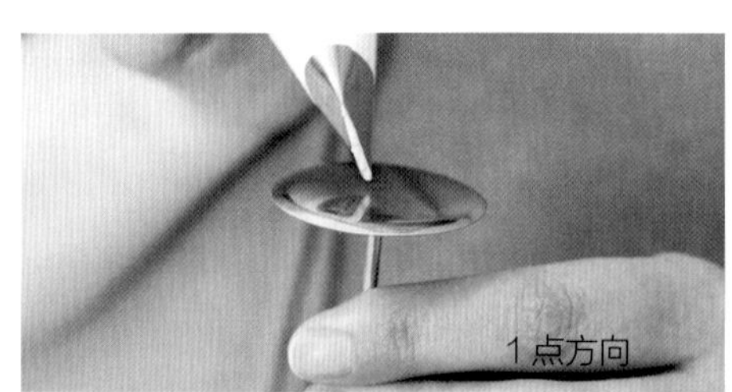

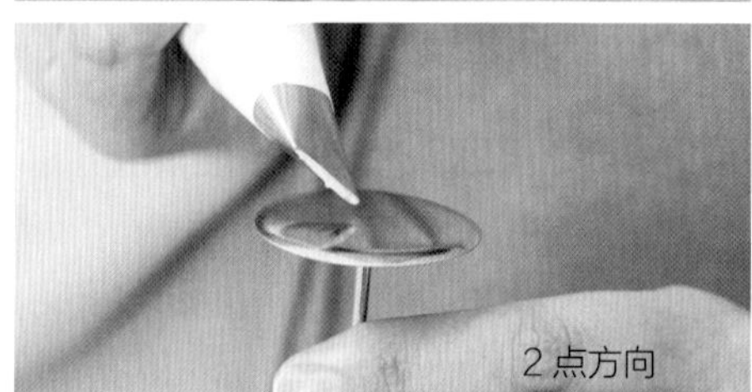

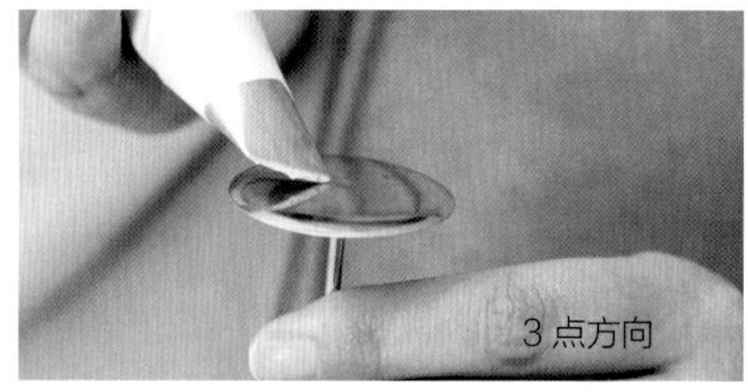

向右倾斜，就是偏向 1 点或 2 点、3 点方向，通常不超过 3 点。

第二种，裱平面花型，把裱花钉想象成一个表盘。裱花嘴对准的方向用时钟来表示平面花型，我们有的是从中心点起步。如左图，从中心点起步，对着 12 点方向。右图从 6 点起步，对着 10 点钟方向（通常是裱叶子的时候会用到）。

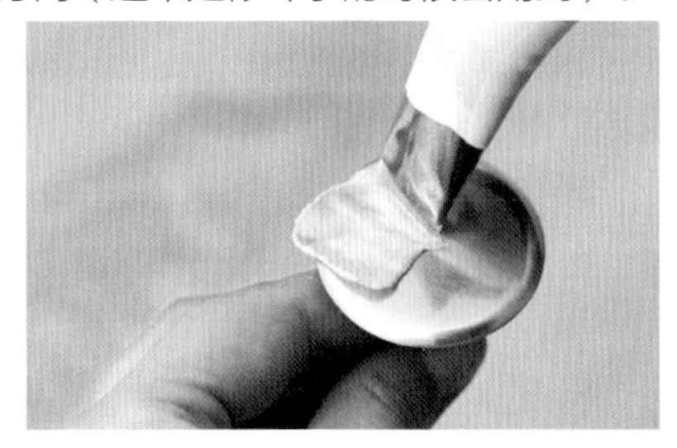
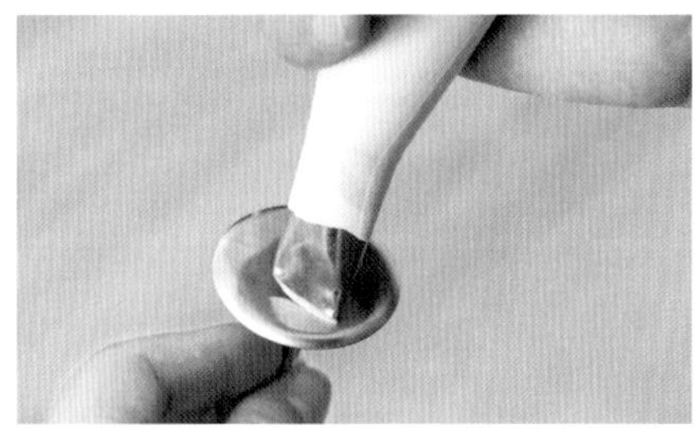

平面花型

立体花型示例：在 3 点位置起步，裱花嘴对着 1 点方向。

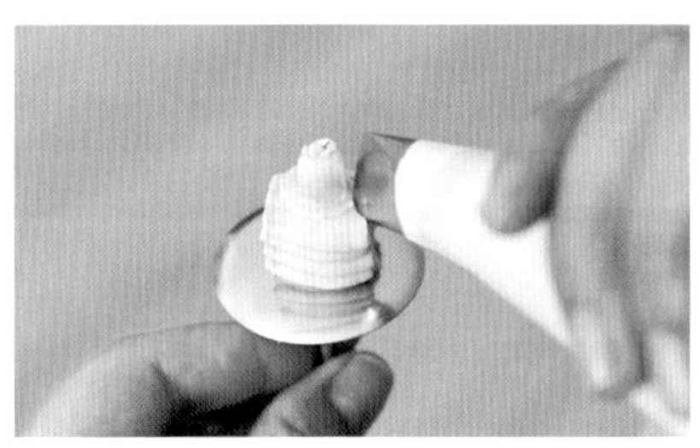

立体花型

通过位置与方向的表述，我们能对裱花的过程有比较清楚的认知，方便进行练习。我们以裱叶子为例，根据过程图完整的表述是：

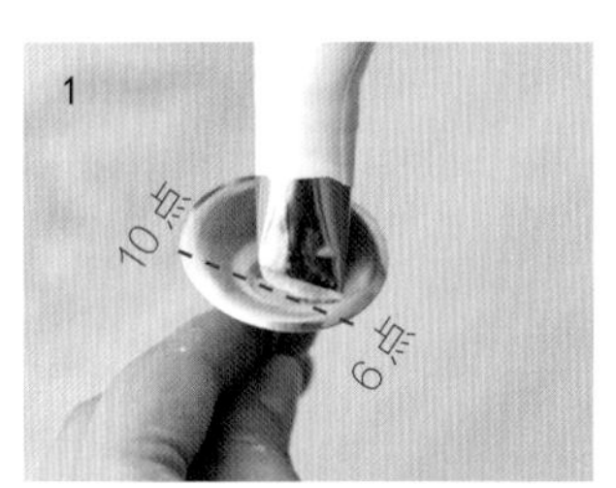

裱花嘴从裱花钉的 6 点位置起步，对着 10 点的方向，裱花嘴向 2 点方向倾斜。

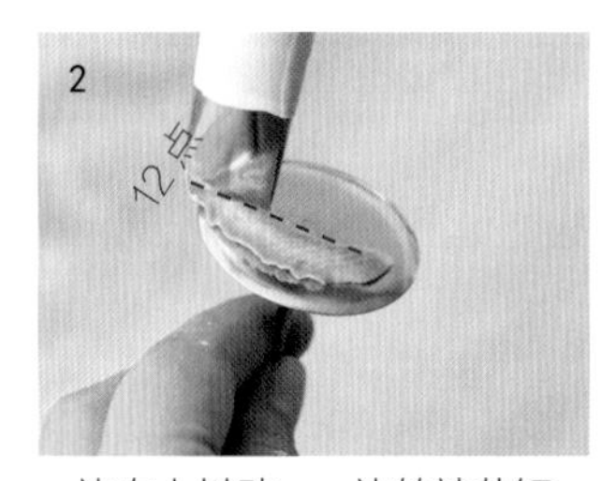

一边向上抖动，一边转裱花钉。到 12 点的位置停一下，裱花嘴直立。

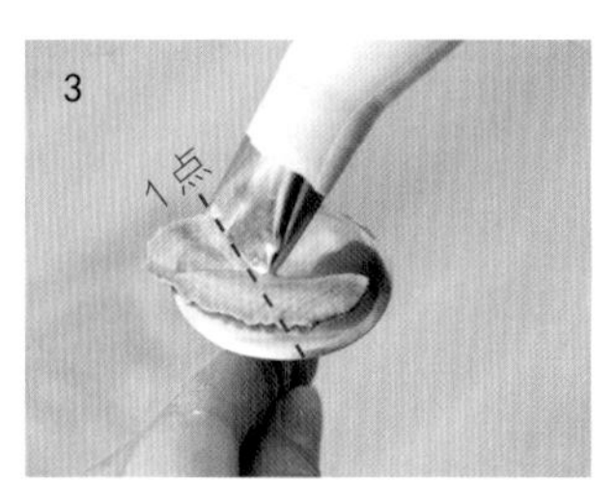

转动裱花钉，裱花嘴向着 1 点的方向，继续向下抖动。

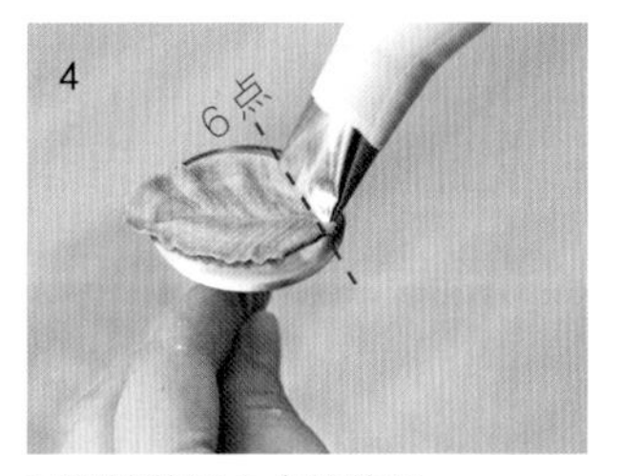

回到裱花钉 6 点的位置。

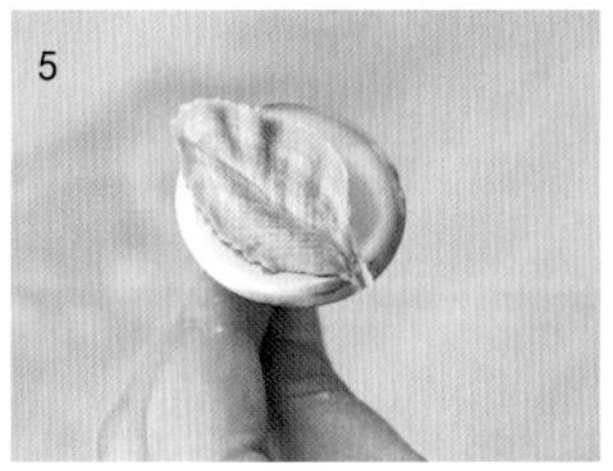

完成的样子。

调色与配色

若想很好地运用色彩进行调色与配色，就要了解色彩的基础理论。

色彩基础理论

色相

简单来说，就代表这是什么颜色。比如，红色和绿色属于不同的色相，红色里有深红色和浅红色，则属于同一色相。不同的色相代表不同的颜色。

亮度

简单来说，就代表深色或浅色。

在裱花应用中，如果需要较浅的颜色，我们可以先用少量豆沙调出稍深的颜色，然后用白色豆沙进行混合，得到想要的不同亮度的豆沙。不建议一次性用大量豆沙进行混合，豆沙易上色，如果一下子把颜色调深，再不停加白豆沙，会造成大量的浪费，也不能很快调出想要的颜色来。（参照第 38 页“豆沙的混色装袋方法”）

纯度

简单来说，就是色彩的纯净（明暗）程度，也叫灰度。纯度越低，色彩越暗；纯度越高，色彩越亮。在裱花应用中，我们要尽量避免用纯度太高的颜色。同样的颜色，降低纯度之后，在视觉感受上会发暗，也会变得柔和。

结合实际应用做一个通俗的说明：亮度的增加就是在正常颜色的基础上加白色，纯度的降低就是在正常颜色的基础上变灰。

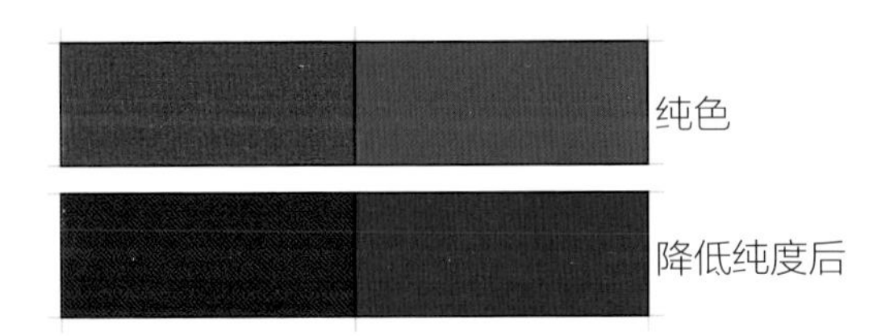

目前在裱花实践中，我们使用的色素色粉有很多是已经降过纯度的，可以直接调色使用。 对于纯度高的颜色，一般有以下几种降纯方法。

（1）加入黑色：任何颜色加入少量黑色，纯度都会降低。实际应用中，黑色的色素偏蓝，所以一般加到冷色调中。暖色调中如果加入黑色，量不宜太大，否则会改变色相。比如，我们用色素酒红加黑色，就会得到紫色。

（2）加入互补色：何为互补色？色环上位置相对在 120° ~180° 之间的颜色就是互补色。加入互补色之后，纯度会降低。比如橙色加入一点蓝绿色，或者一点点蓝色，都可以使纯度降低。

（3）在色素调色实际操作中，要降低一个颜色的纯度，还可以加入同色相中纯度较低的色素。比如，我们调出一个正绿色，想要降纯，也可以加入抹茶绿。因为抹茶绿的色素本身纯度比较低，所以调和出的应该是两者之间的纯度。

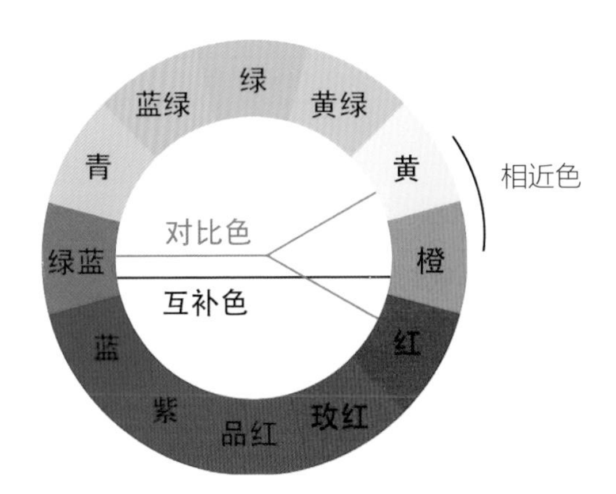

调色应用

豆沙裱花的调色，我们可以用果蔬粉，也可以用水性色素。用色素调色，豆沙不能太湿，尤其是在调节深色的时候，放太多色素会造成豆沙太软不好裱花。因此我们在裱特别深的颜色时，也可以使用果蔬粉或者将果蔬粉和色素配合使用。

果蔬粉调色

在实际操作中，果蔬粉因为健康环保、颜色自然，常用来跟豆沙进行混合调色。和三原色原理一样，果蔬粉里可以用作三原色的有百年草粉、南瓜粉、青栀子粉，分别调出红色、黄色和蓝色。利用三原色的原理可以混合出其他颜色。

果蔬粉调色方法：

甜菜粉容易结块，所以需要先过筛，直接和豆沙混合搅拌均匀，其他果蔬粉直接加入即可。

调制深色时加入果蔬粉过多，会使豆沙太干，在加入粉类时加入少许水一起搅拌。

搅拌均匀即可。

常用的果蔬粉有以下七种：

（1）青栀子粉：外观偏灰色，易溶于水，保存时一定要密封防潮，调出的豆沙为蓝色。可充当三原色中的蓝色基础色。少量使用调出天蓝色，和百年草粉混合可调出紫色系。

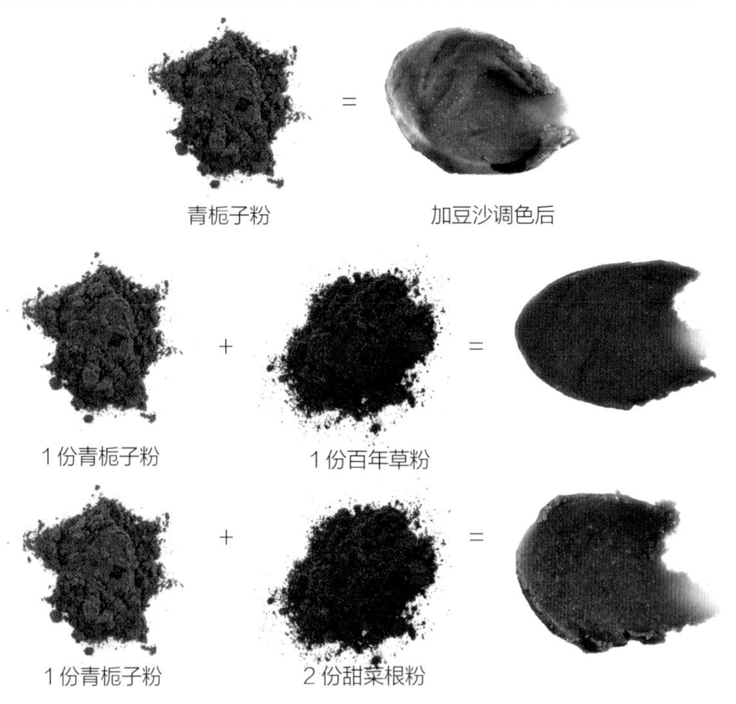

（2）甜菜根粉：甜菜根粉颜色较深，部分品种呈朱红色或暗红色，放置时会出现比较大的结块。因此在使用时，要过筛到豆沙里进行搅拌，调出的颜色为红色。用量较大。我们如果需要大红色，可以用甜菜根粉和百年草粉等量混合进行使用，调出的颜色会比较亮。因为甜菜根粉用量大时豆沙会变得比较粗糙，因此加入百年草粉以使豆沙变得黏稠，便于裱花。

（3）百年草粉：百年草粉是一种仙人掌果粉，本身带有黏性，和豆沙搅拌时，刚开始会有一点小颗粒，慢慢会消融，豆沙也会变得很黏稠。我们用果蔬粉调深色调时，一般会加点百年草粉以增加黏性，防止裱花时出现锯齿。调出的颜色为：多量使用偏玫瑰红色，少量使用调出粉色。

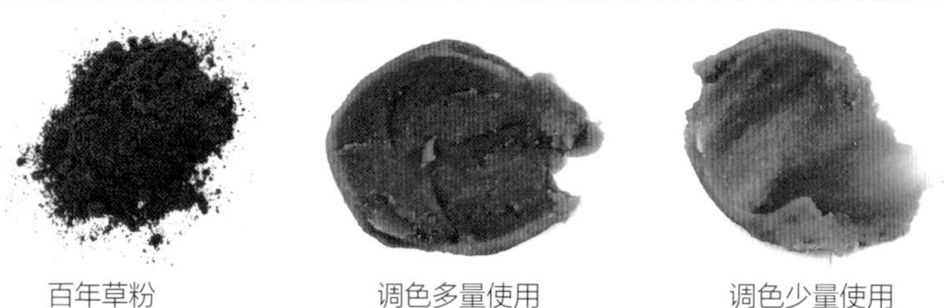

百年草粉　　调色多量使用　　调色少量使用

（4）南瓜粉：为黄色粉末，可充当三原色中的黄色基础色使用。

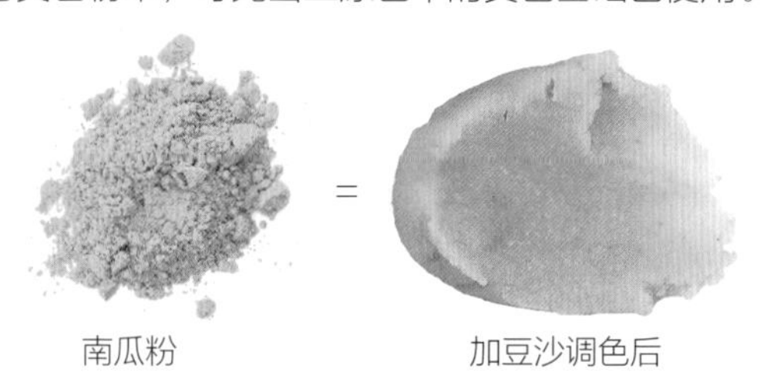

南瓜粉　　加豆沙调色后

（5）小海藻粉：为墨绿色粉末，一般用于叶子或枝条调色。

小海藻粉　　加豆沙调色后

（6）绿茶粉：为偏草绿色粉末，一般用于混色调色。

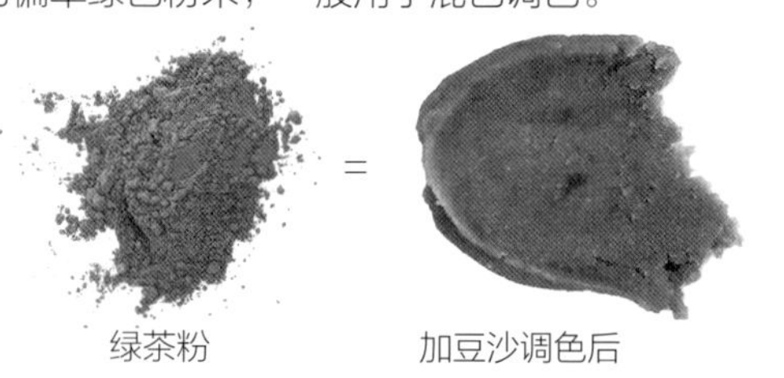

绿茶粉　　加豆沙调色后

（7）可可粉：为棕色。不同的可可粉颜色深浅不一，调出的颜色也各不相同，也可以用黑可可粉，调出的棕色会更暗一些。可可粉加入豆沙中，豆沙易变得粗糙。

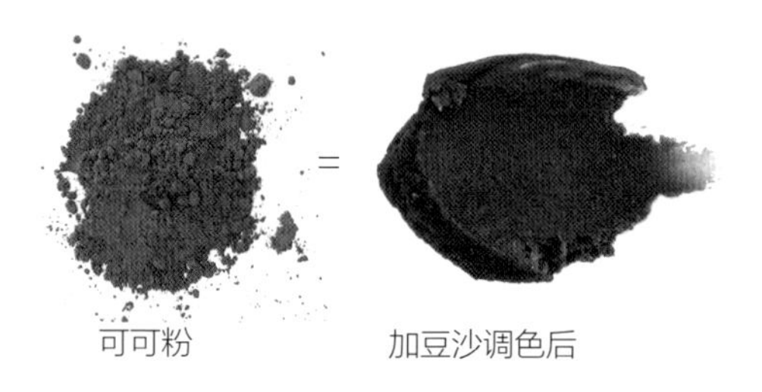

可可粉　　加豆沙调色后

其他可选果蔬粉主要有以下两种：

（1）黄芝士粉：为橙色，颜色较亮，可以和南瓜粉混合使用。需冷藏保存。

（2）竹炭粉：调黑色或降饱和度时使用。

除了直接使用以上颜色进行调色，也可以将两种或三种果蔬粉混合进行调色，常用的混色有：

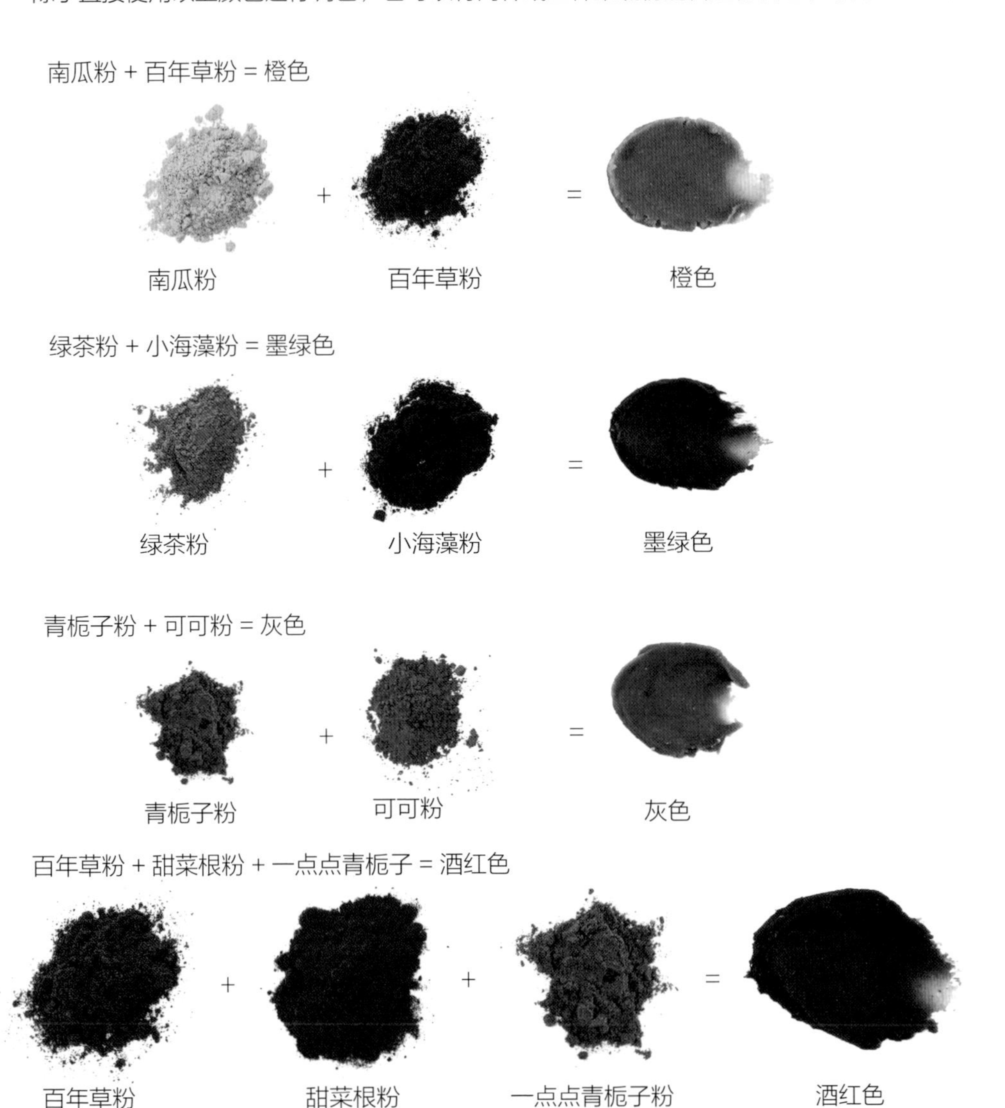

青栀子粉量多会变成紫色，甜菜根粉加一点点青栀子粉也是酒红色，但是加入百年草后，状态会更好一些。

色素调色（以 Wilton 膏状色素为例）

色素调色需要注意：一是豆沙易上色，色素的用量不宜过多；二是调色时先调少量豆沙，再加入白色豆沙进行亮度的调整。同一色系内的不同色素，饱和度各不相同。我们可以单个使用，也可以综合选择使用。

·红色系·

红色系的色素常用的有以下几种，和豆沙混合出的颜色，分为深色和浅色加以呈现：可直接用于花瓣调色使用，也可稍加点黑色降低些纯度。其中酒红色饱和度最低，颜色偏紫，也是常用的一种颜色。几种颜色可以混合使用，比如若想把酒红色的纯度增亮一些，可以在酒红色里加一些玫红色。

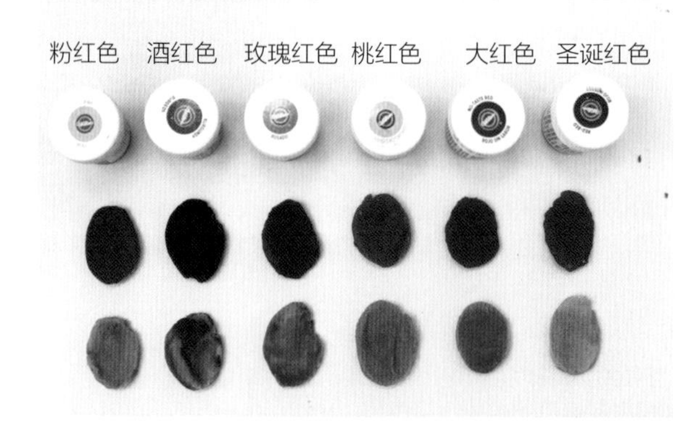

·黄橙色系·

有柠檬黄、金黄、象牙白、橙色、铜色、棕色等。这几种颜色纯度各不相同，柠檬黄可作为原色使用，棕色纯度最低，可单独调棕色，也可以加到其他几颜色中，以降低纯度。通常花心、花蕊的部分都是用橙色系，比如柠檬黄加一点棕色，调出稍暗的黄色，可以用来裱制花心部分。根据所用棕色比例的不同，调出纯度各不相同的颜色来。

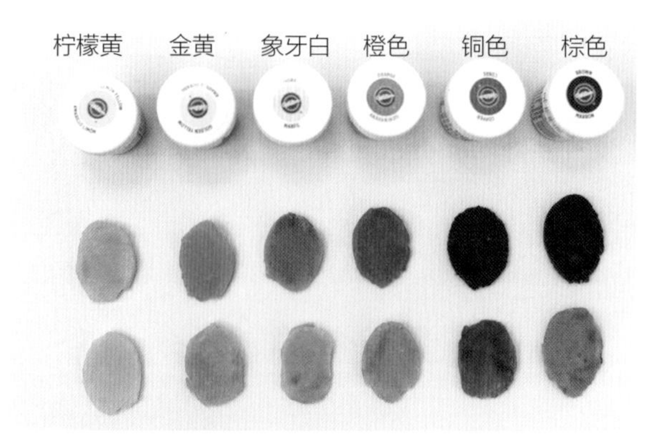

· 紫色系 ·

紫色是由暖色红与冷色蓝组成，为中性色，加入暖色调节会变暖，加入冷色调节会变冷。Wilton 色素的紫偏暗，在使用时，我们会加入一点红色（粉色或玫瑰红色）就可以调出紫红色，颜色偏暖，适合裱花。如果需要蓝紫色，在紫色里面加入蓝色即可，颜色就会偏冷。

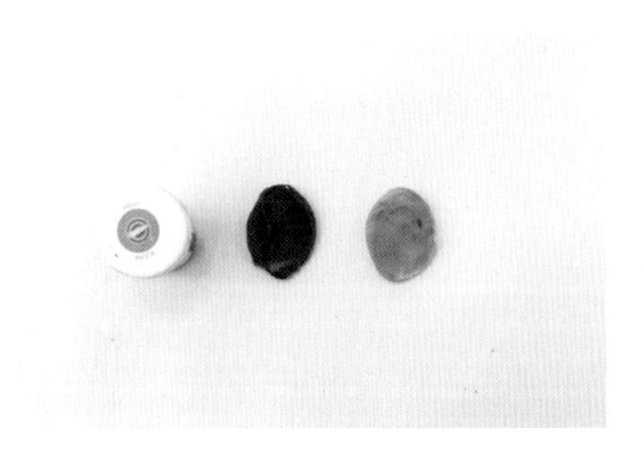

· 绿色系 ·

绿色是裱花中常用的颜色。我们会用到草绿、蓝绿、墨绿等，色素有以下几种：左下图中从左到右，饱和度依次由高到低。前面两种纯度最高，抹茶绿纯度最低，单独使用前两种时，需要加一点黑色降纯再使用，或者掺一点抹茶绿再使用。绿色是二次色，是由原色黄和原色蓝组成，因此，通过分别添加两种颜色，可以得到不同层次的颜色。

我们最常用的是抹茶绿。它的颜色偏草绿，纯度较低，通常在裱叶子的颜色时可以直接使用。如果需要嫩一点的绿，可以加入柠檬黄调成黄绿。中下图中我们加入黄色，得到深浅色的呈现。因为本身纯度低，所以调出来的颜色也不会太刺眼。右下图中常用的绿色还有墨绿色，我们用抹茶绿加黑色可以得到。

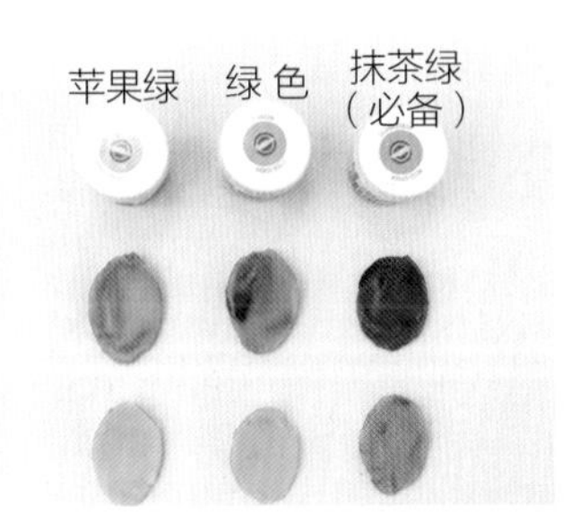

绿色纯度较高混色方法

抹茶绿混色方法

墨绿色混合方法

调色方法

根据已知的色块调色

在调色实践中，不管是深色还是浅色，我们都不要将全部的豆沙混合。要用小部分调深色的方法先调出母色豆沙，然后和白色豆沙混合得到较浅的颜色。

具体步骤：调出色相、调节饱和度、调节亮度。

我们要想调出棕色，显然这个颜色是橙色系，可以先用橙色的色素，或者用红色加黄色调出橙色。

加入黑色，降低纯度，我们用少量的豆沙调出较深的颜色。

用白色的豆沙，一点点地和调好色的深色混合，得到想要的明度即可。

关于配色

裱花作品的配色是整个作品的关键，在裱花操作实践中，我们总结了以下配色要点与原则。

（1）冷暖色比例（3 ： 7）。

（2）不要用纯度最高的颜色。

（3）花型尽量用混色。

（4）不要超过 4 种颜色（不含叶子）。

冷暖色比例

裱花作品大部分以暖色作为主花型色调，冷暖色的比例不要超过 3 ： 7。也就是大部分花朵是暖色，可以用小部分的相协调的冷色作为点缀或者搭配。也有的人喜欢做蓝色、紫色等偏冷色系。同样的道理，你可以做同色系不同纯度的花型，但是相反色调的占比不要太多。

不要用纯度太高的颜色

我们在调制颜色时，不要用特别鲜艳的颜色。我们可以用很浅的颜色，也可以用降纯过的颜色。

花型尽量用混色

裱花时，花型尽量避免只用一个颜色，那样没有层次感，自然混色方法见第 39 页。

不要超过 4 种颜色（不含叶子）

颜色过多也会使整个作品显得杂乱。

· 同色系搭配 ·

同色系是比较常用的搭配方案，我们只会用到一个颜色。通过改变这个颜色的深浅或纯度来完成各朵花之间的层次与过渡，使整个作品看上去更自然。不同亮度的搭配可以在不同的花朵中裱出不同深浅与纯度的花型，也可以通过自然混色方法，使花朵本身层次分明。搭配一些叶子和枝条就可以完成比较好的作品。

优点：方便、快速、容易操作、不易出错。

同色系的调色：

（1）调出纯度最高的颜色，也就是用一种或两种原色直接调出的颜色。

（2）加不同量的白色，调出不同的明度。

（3）加不同分量的对比色或黑色，调出不同的纯度。

（4）按侧重点不同，混合装袋。

· 类似色系搭配 ·

使用色环上相邻的两个或三个颜色进行搭配，也就是 90° 角以内的颜色。

调色方法：常用的是间色和三次色，往两边延伸。比如先调出一个橙色（红加黄色），然后分别加黄色或红色，调出不同层次的色彩。这样比例协调和统一，调色过程也比较简单。每种颜色挤花也有深浅度的混合，会比较自然，混合装袋即可。分出主导色、辅助色，在裱花时方便掌握比例。比如我们想做橙色系的蛋糕，可以用橙色系作为主导色，再裱一些黄色或红色的花朵作为过渡来进行色彩搭配。

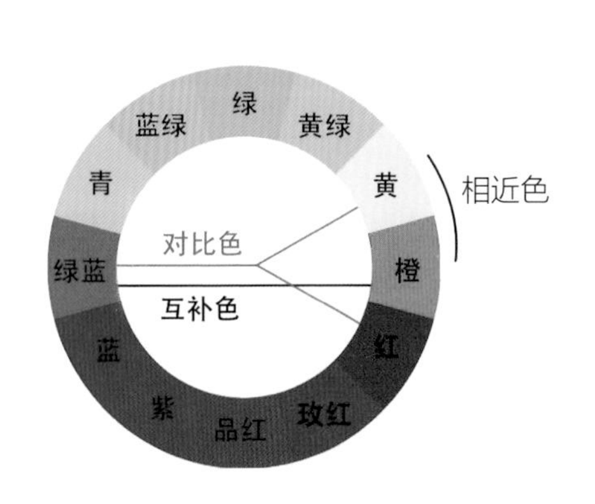

· 互补色系搭配 ·

互补色对比较强烈，是比较有难度的搭配，在选用这一搭配方案时，颜色一定要降纯，以免出来的颜色太过刺眼比较土气。两种颜色的比例也要注意调节，必须分出主导色与强调色，二者比例要大些，不能低于 3 ： 7。

以上是初学者比较容易掌握的搭配方案，遵循以上配色原则，在完成裱花作品的时候就不容易出错。

通用裱花技巧

视频二维码

豆沙的混色装袋方法

我们在裱花时，要想裱出来的花朵颜色比较自然，尽量用混色。另外，要善用浅色或者深色、纯度低的颜色。

· 自然混色调色方法 ·

取出少量豆沙。挑一点色素放在小部分的豆沙上。

搅拌，颜色深一点也没关系。

挑少许调好色的豆沙与白色的混合。混合不用太均匀，夹杂颜色的感觉比较自然。

这是自然系裱花最常用的装袋方法，出来的颜色比较自然。如果想做深色花朵，就把全部豆沙先调色，再在上面蹭更深的颜色或者其他颜色即可。做多色混合时，可以在调好的豆沙上，蹭一点其他颜色。将刮刀在表面轻轻抹两下即可装袋，不要搅拌，微微夹色的花瓣会显得自然。

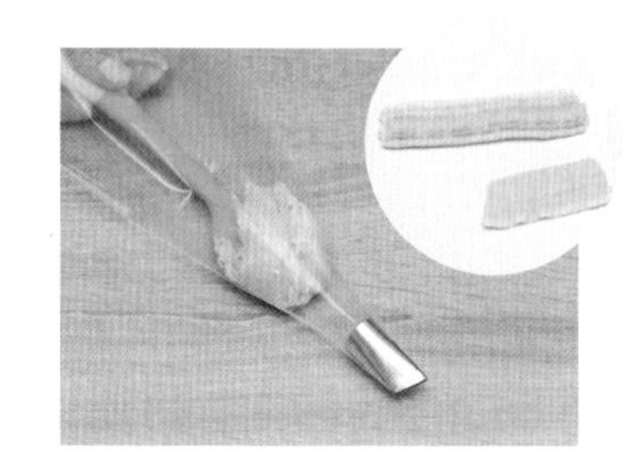

· 自然混色装袋方法 ·

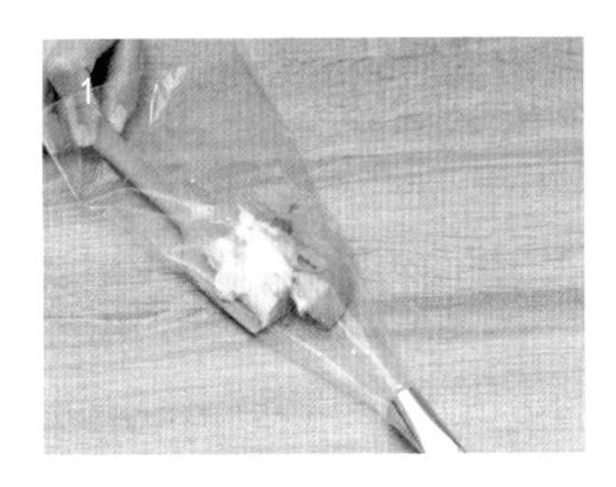

裱花袋一边装入带色豆沙，一边装入白色或浅色豆沙。

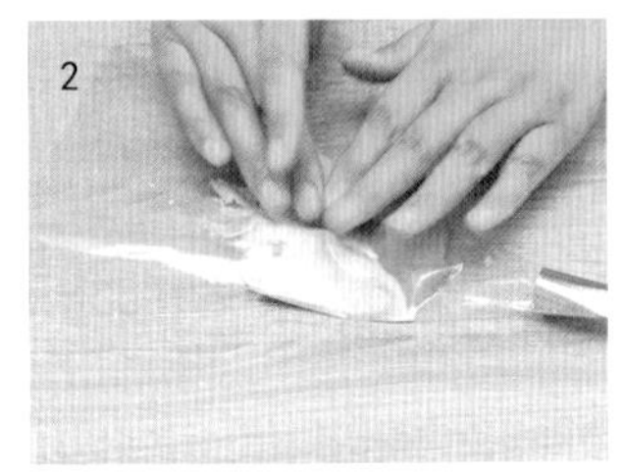

用手揉一下中间接缝处，以免分界线明显而过渡不均匀。

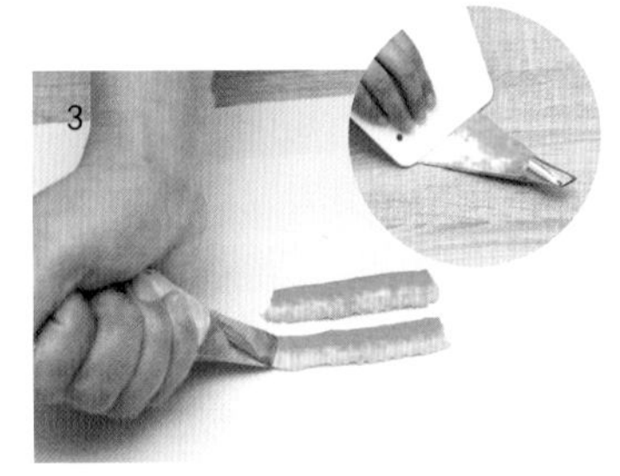

用刮板将豆沙推到前侧，出来的颜色有过渡效果。

过渡色装袋也是常用装袋方法，适用于各种颜色。我们可以转动裱花嘴的方向，这样可以使裱出的花瓣过渡层次不同。同一朵花，如果想要里层颜色深点，可以将裱花嘴尖头转到深色的位置；裱外层时，可以将裱花嘴转动一下，将尖头的部分对准浅色的位置，以使花型的不同层次出现不同的色彩效果。

· 包裹式装袋 ·

适用于需要边缘深、中间浅的过渡效果。

准备深浅两种颜色的豆沙。先装入深色豆沙。

用手将深色豆沙挤到容器内。

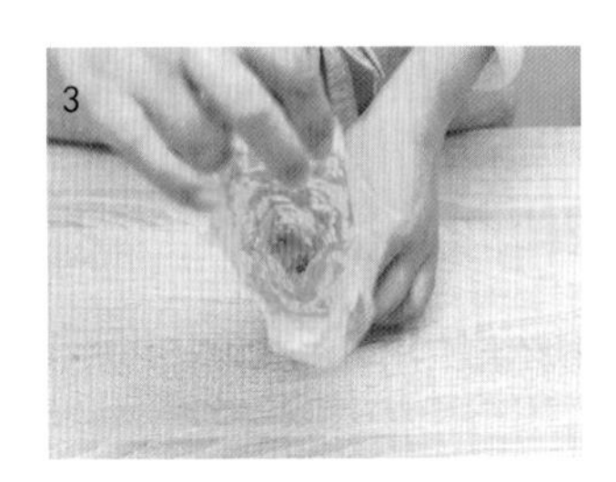

袋子内部都沾上了一点豆沙。

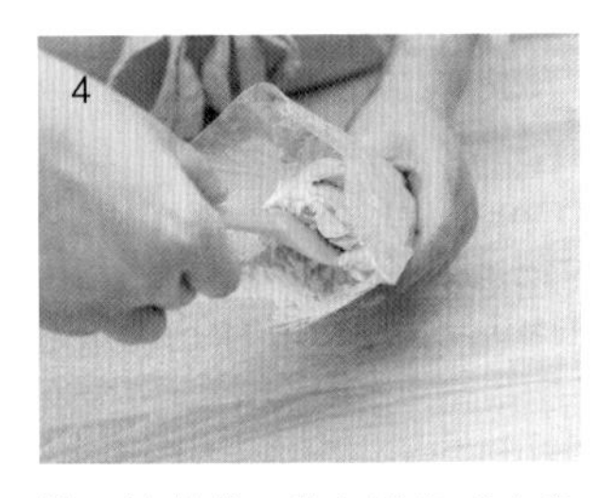

撑开裱花袋，装入浅色或白色豆沙。

用塑料刮板将豆沙推到裱花袋前侧。

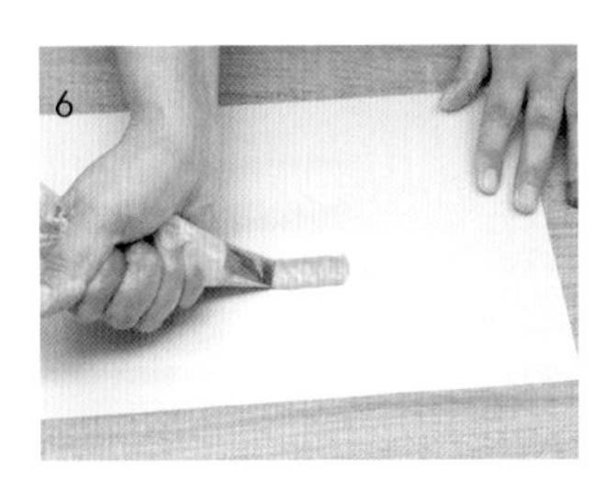

挤出的颜色会有夹色效果。

· 边缘色装袋 ·

适用于花瓣边缘带色的花型，比如康乃馨等。

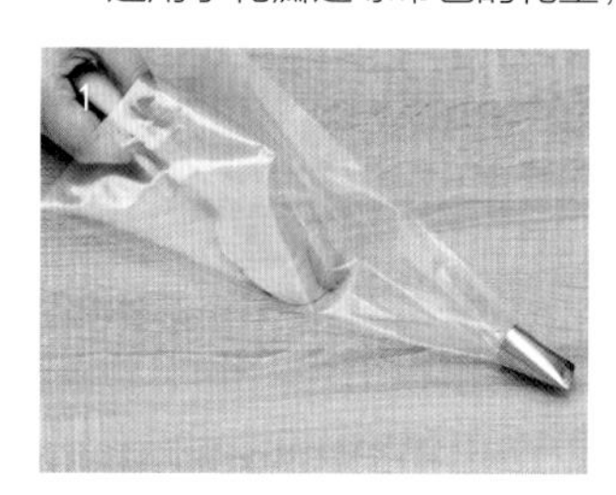

先装入小部分豆沙。

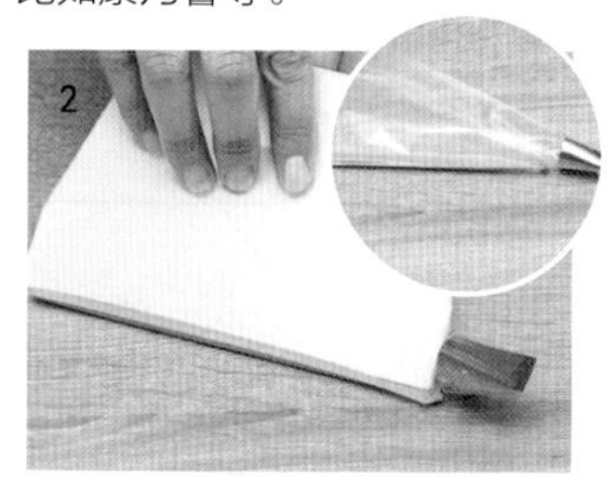

用刮刀将豆沙刮到一边，形成一根细长的线条，其余地方不留带色豆沙。

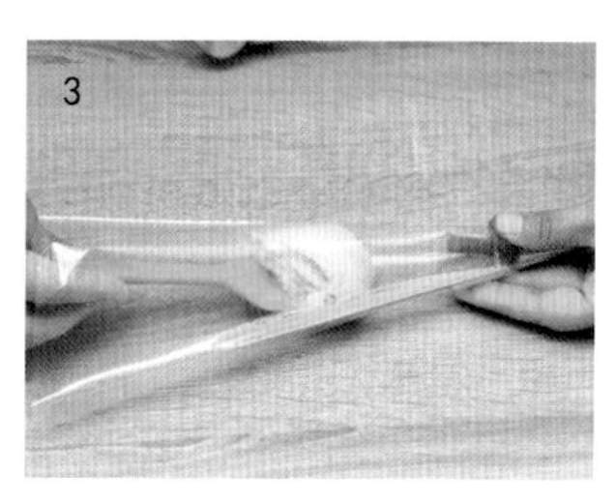

小心装入白色豆沙，不破坏事先形成的线条。

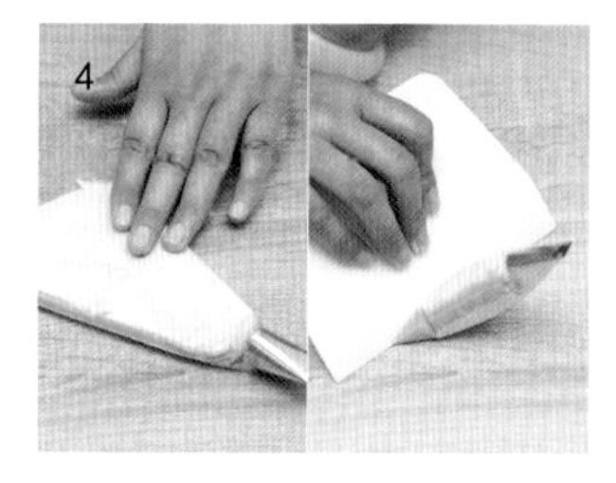

用手把白色豆沙拍平，使其和细长线条在同一位置，然后用塑料刮板推到裱花袋前侧。

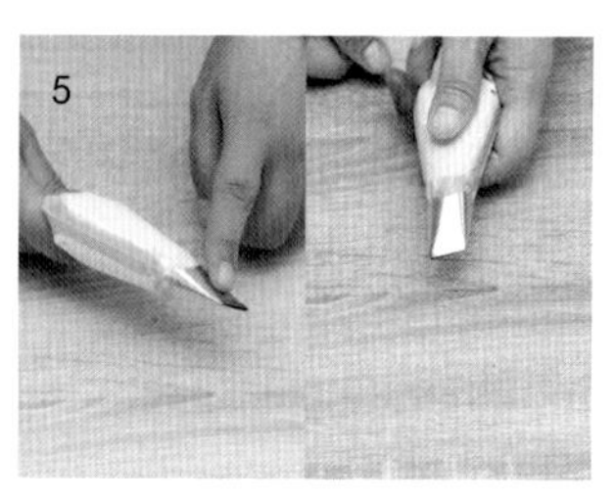

调整裱花嘴方向，带色的部分对准裱花嘴尖头。

挤出的花瓣边缘会有红色线条感。

· 线条感混色 ·

以调叶子的颜色为例。

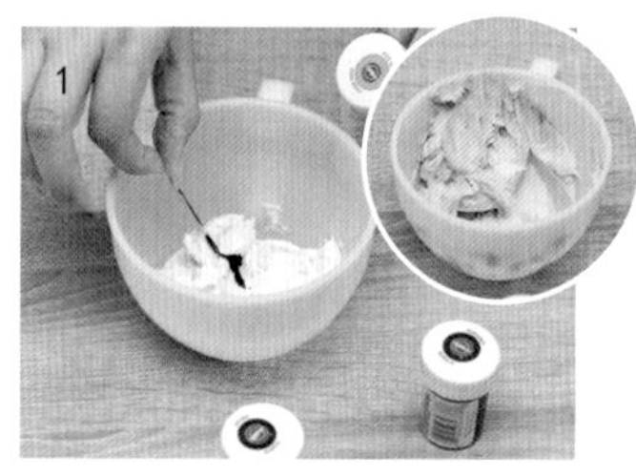

先放入抹茶绿，调出一个基础色绿色。

用牙签分别挑一点棕色、一点酒红色、一点抹茶绿。

用刮刀在表面轻轻抹一下，不要搅拌。

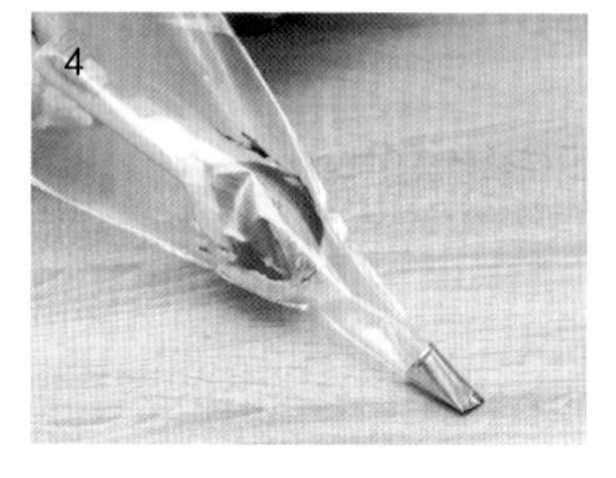

和下面的豆沙一起挑起装袋。

用塑料刮板往前推，可以看到袋子的边缘会有后挑色素的线条感。

裱出的叶子或花瓣，颜色比较丰富，具有线条感，也比较自然。

常用裱花花朵基桩的做法

锥形基桩

整体形状是下粗上尖，高度可以根据花型来调节。中等大小的花朵在 3 厘米左右就可以，大一点的花朵要加高基桩，需 4~5 厘米的高度，同时保证底部粗壮。可以用一次性裱花袋将其剪个孔，也可以用小号的转换头来进行操作。在裱花钉上用力挤出，一边挤一边抬高右手同时收力。

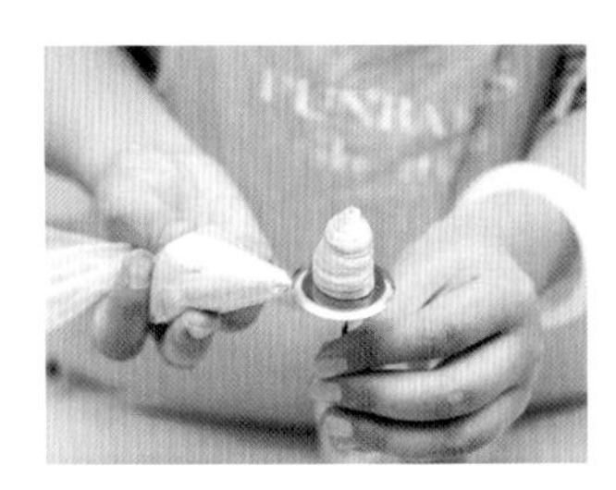

也可以用裱花嘴将其用力挤出，一边挤一边往上抬高。若形状不够粗壮可以围两圈。这是最常用的基柱，一般用于制作立体的花朵。

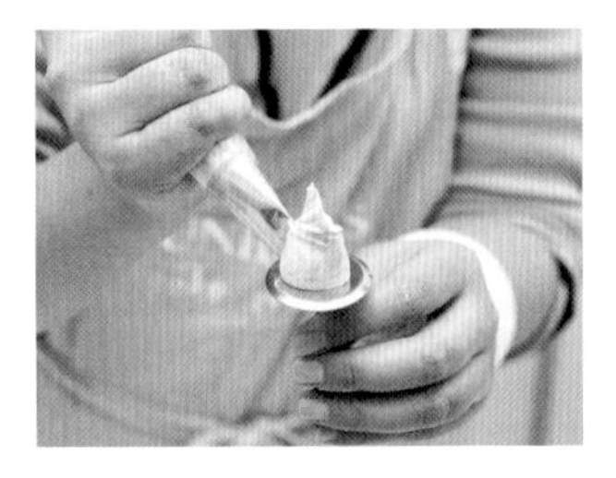
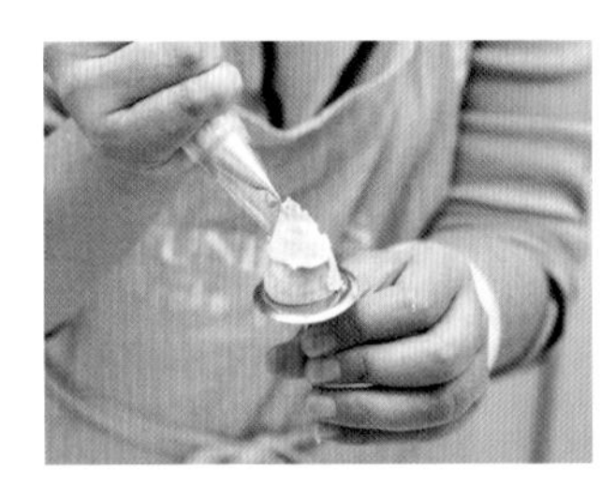
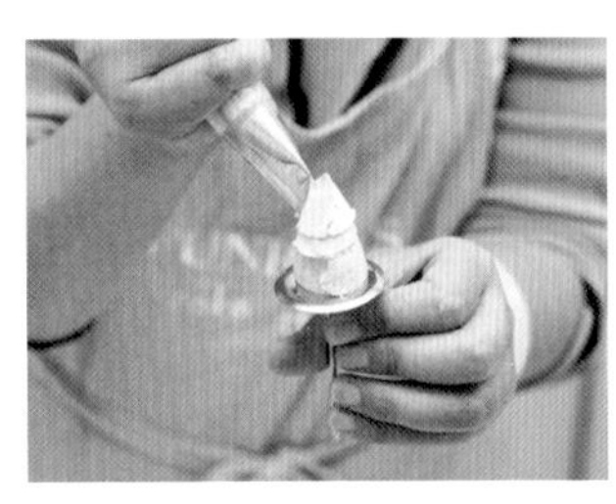

平顶基桩

（1）用来裱花的花嘴，直口或弧口的都可以，直接在裱花钉上来回折叠，达到想要高度即可。一般用来裱立体大花型。

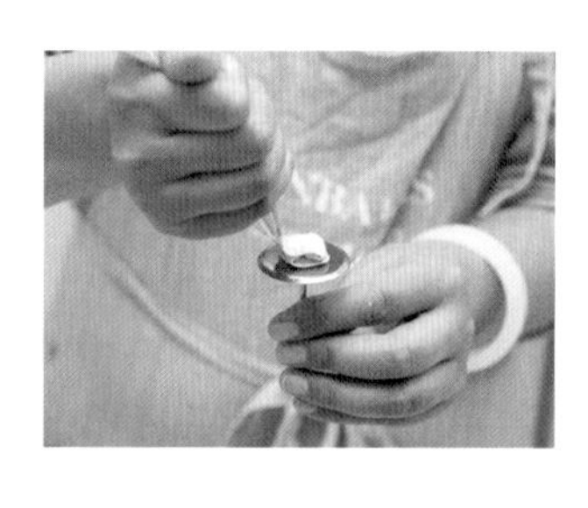

（2）先在裱花钉中间挤一点豆沙，花嘴围绕其转动，一直转到想要的直径即可。我们可以在上面裱平面花型，这样就无须冷冻，直接将花挑下来使用。

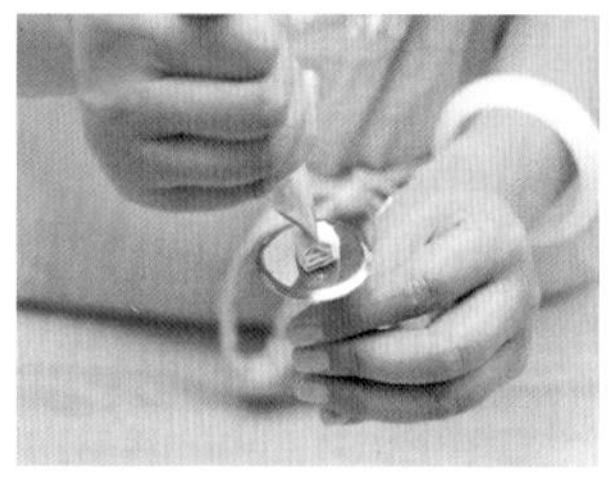

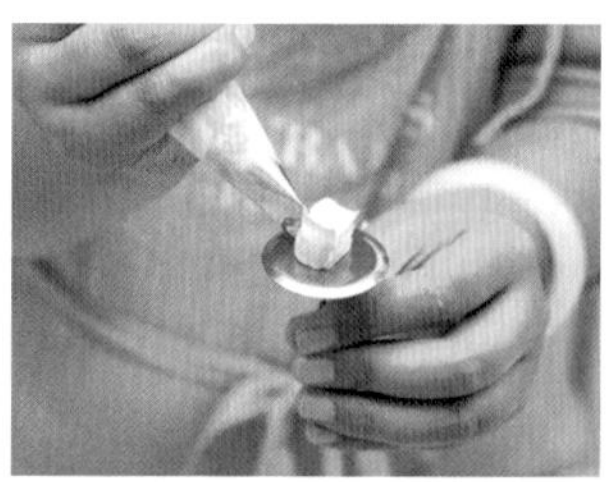
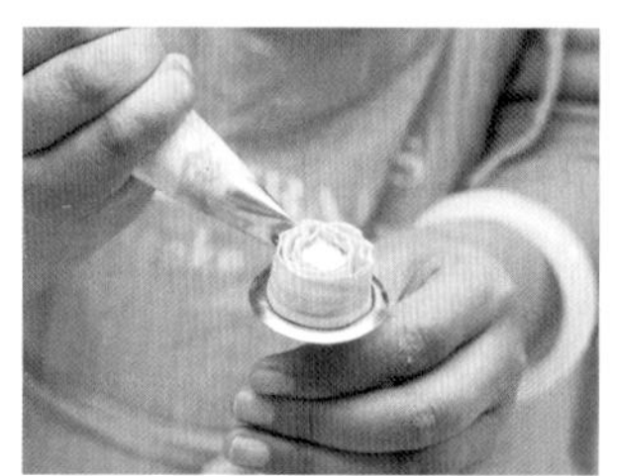

常用抹面

抹面的材料可以选用豆沙、淡奶油、奶油霜。做造型时可以直接用豆沙抹面，这时可以在裱花的豆沙材料内放一点水，软一些会比较容易抹开。使用豆沙抹面时，蛋糕体部分可以选择米糕、海绵蛋糕或者磅蛋糕，支撑力比较好。

豆沙抹面如果放置在空气中隔天会产生裂纹。如果不是当时用要隔绝空气，放入冷藏室。如果是用戚风蛋糕做底、淡奶油来抹面，用豆沙裱花装饰，摆放的花朵不宜过多，不宜做满花造型。因为豆沙花较重，淡奶油承重性较弱，花太多容易压塌。

下面以米糕抹面为例。米糕抹面所用工具：转盘、抹刀、豆沙、米糕。

抹表面

用硬质的透明围边围住米糕，围边的高度比米糕高出1厘米左右即可。

接口处可以用不干胶材质的LOGO黏合。

将豆沙抹到表面。

用抹刀抹平，让抹刀与围边高度平齐，将中间豆沙往四周抹平。因为边缘有围边支撑，抹刀抹到边缘时可以往下刮一下以使边缘整齐。

颜色晕染

在抹好面的豆沙表面上挤点其他颜色的豆沙。

用抹刀顺着一个方向抹平，可以得到横纹晕染的表面。

转动转盘抹平，可以得到圆形的晕染表面。

米糕与辅助装饰

米糕的做法

配方

大米粉 500 克、纯净水 4~6 勺、白砂糖 5 勺、夹馅适量。

米粉中先倒入 4 勺水，用双手反复搓匀。

手中抓一把米粉，轻轻握拳，向上轻抛 4 次，看回到手中的米粉状态。如果没有完全散开，湿度就可以；如果都散开恢复粉状，需要继续加水。

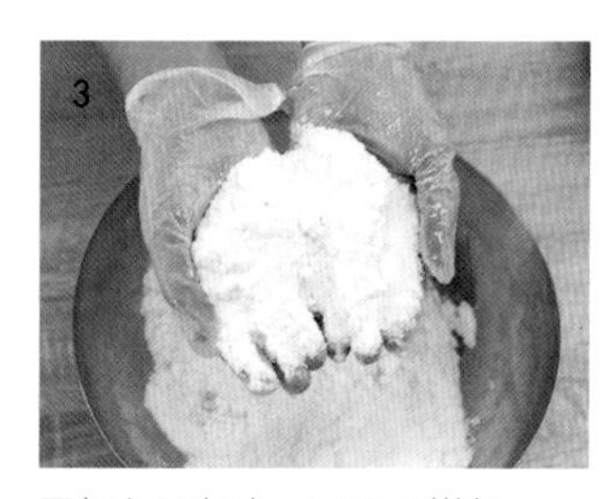

再加入两勺水，用双手搓匀。

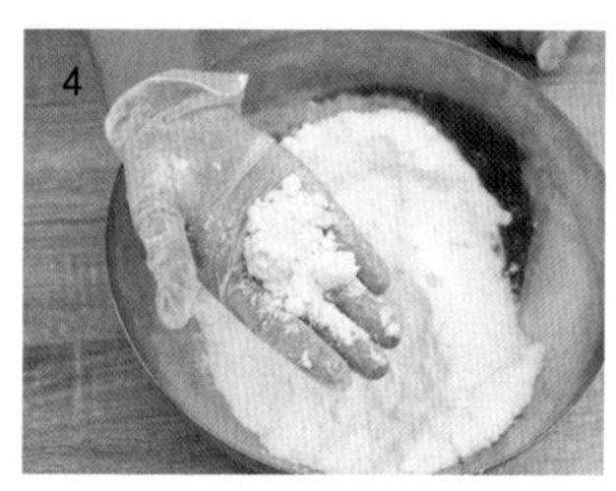

重复步骤 2 动作。手中米粉还有一些细块儿，没有完全散开，说明湿度正好。如果一点也没散开，说明太湿，米糕的边缘会很粗糙。

将搓好的米粉过筛两次，可以选择 20~24 目的筛网。

在过滤好的米粉中加入 5 勺白砂糖。双手从下往中间抄起，绕盆转动一圈，把糖抄匀。

完成的样子，粉质均匀细腻。

入模

蒸笼上放一块硅胶垫。

再放一块蒸布或厨房纸巾，以吸收米糕底部多余的水蒸气。

放上 6 寸（直径 15 厘米）的慕斯圈（6~7 厘米高）。

用刮板的边角挑起米粉，往慕斯圈边缘轻轻扔。

在慕斯圈边缘先扔一圈米粉，然后用塑料刮板轻轻抹平。

平铺上馅料，可以选择果酱、豆沙等，馅料不能堆积太高。

还是以扔的手法，先边缘后中间扔入米粉。

用塑料刮板将米糕轻轻抹平。

因为慕斯圈较高，可以再加一层馅料。

继续把米粉入模，轻轻用塑料刮板抹平。

最后可以留一点米粉，用筛网将其筛在表面，使表面看起来更平整。

推模，双手扶住边缘，往前轻轻推慕斯圈，使米粉离开边缘。

再往后、往左右、往四周轻推慕斯圈。

使整个米粉与慕斯圈脱离，中间留有小的空隙。

蒸制

锅中放入水大火烧开，放上蒸笼，定时 5 分钟（草编锅盖可以防止水蒸气滴到米糕表面，如果没有草编锅盖，可以在玻璃锅盖上包一层纱布以吸收多余的水蒸气）。

5 分钟后，拿出慕斯圈。

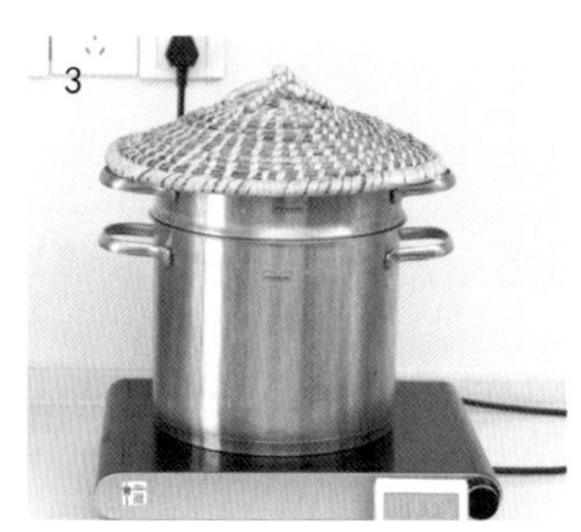

继续用大火蒸 23 分钟后关火焖 5 分钟。

取出米糕

先放一个盘子盖住米糕表面。

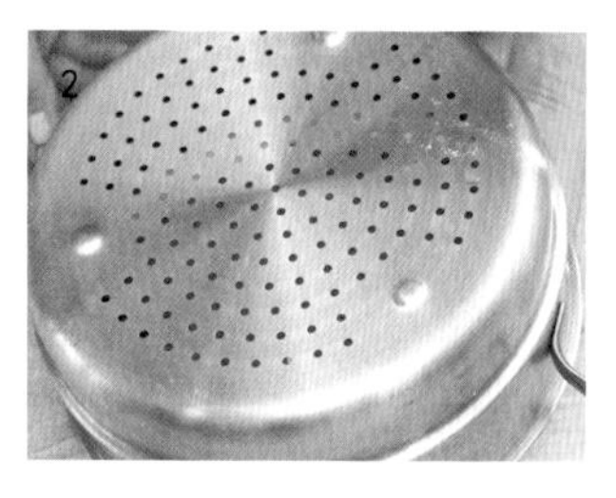

反转蒸笼，接盘子的手戴上手套，防止烫伤。

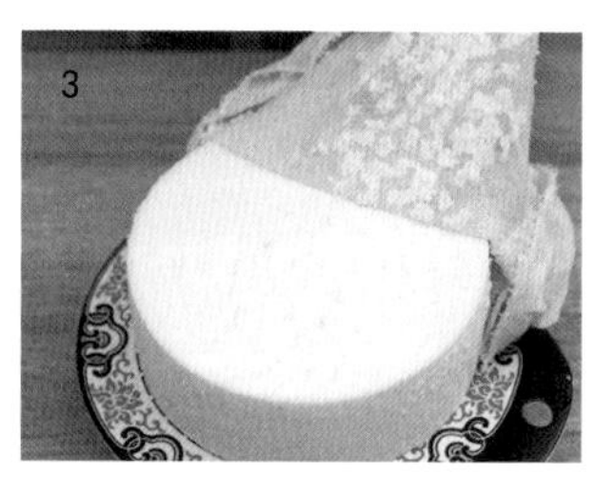

取下硅胶垫与纱布。

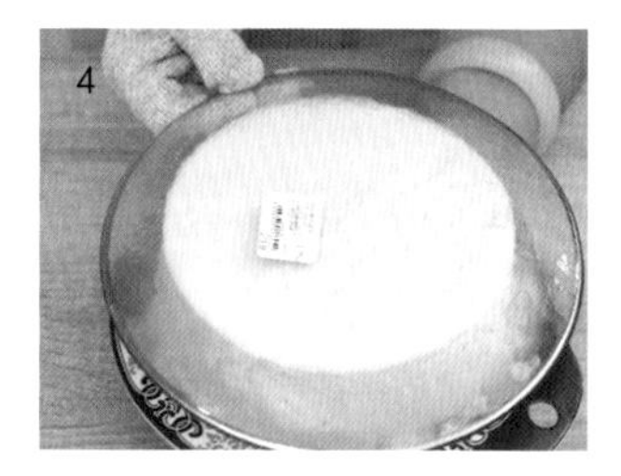

将准备好的盘子放在米糕上，定好位置。

反手再倒过来，拿掉刚才的盘子。

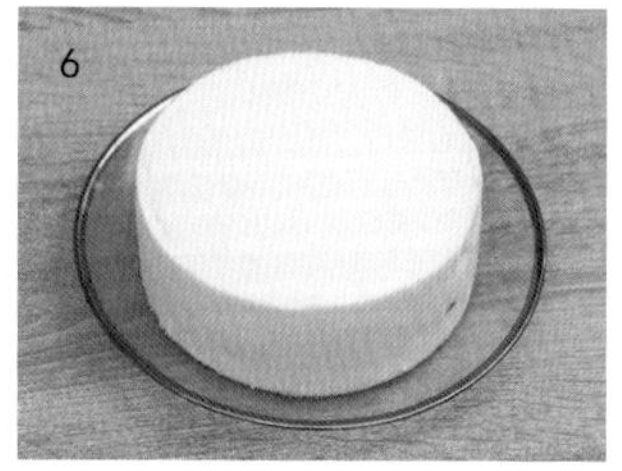

做好的样子。

保存米糕

做好的米糕 4 小时内食用口感最佳，尽量不要长时间暴露在空气中。如果当时不食用，可以用保鲜膜包起来，放进冰箱冷冻。食用时取出再蒸一下即可。

小贴士

1. 米糕的口感大部分取决于米粉，可以在米糕店购买有一定湿度的粗颗粒的大米粉，也可以将大米泡 8 小时、沥干水分 1 小时左右（夏天时在冰箱冷藏室沥干水分），用磨大米粉的机器磨成粉，也可到磨坊去磨成粉。需要磨成大些的颗粒，这样口感才会比较蓬松。
2. 因为大米粉的湿度各不相同，水的用量只是参考，具体要看实际的状态。
3. 保存大米粉要冷冻，制作之前拿出恢复到常温再使用。从冷冻室拿出来的大米粉立即使用容易使成品裂开。
4. 夹馅不能过多，否则也会使米粉表面开裂。
5. 入模时先边缘后中间地进行，否则容易使中间堆积得太高也会开裂。

豆沙蕾丝的做法

配方

大米粉 15 克、水 45 毫升、糖粉 5 克、甘油 10 克、豆沙 50 克。

把所有材料放入碗中混合均匀。

将混合好的材料过筛，若有未搅拌开的豆沙，用刮刀压下，再搅拌均匀，得到更细腻的面糊。

放入蒸锅，锅中放入水用大火烧开，蒸制 25 分钟。

取出蒸好的材料进行调色，如果希望成品白一些可以加入少量白色素，也可以调成其他颜色。

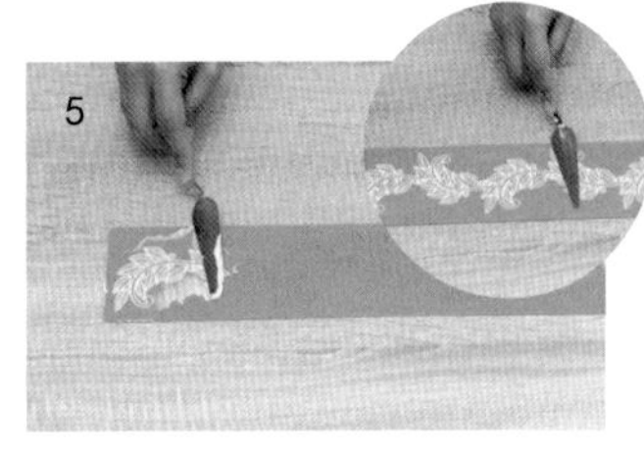

用小刮刀将材料抹到蕾丝垫上，按一个方向抹，抹满图案后，把表面多余的地方刮掉。

放置在室温中超过 5 小时，等待表面干燥。

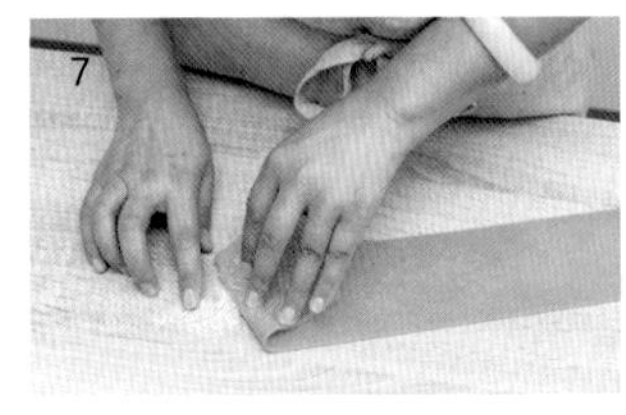

脱模时，将蕾丝垫反过来，一只手轻轻压着做好的蕾丝，一只手往后压住蕾丝垫，轻轻脱模。

小贴士

1. 加入白色素不宜过多，否则蕾丝易断。
2. 不同品牌豆沙与粉质吸水量不同，配方中水的用量为参考，可以根据自己的材料进行调整。如果蒸出的蕾丝糊偏干，可以在下次制作中多加 5~10 毫升的水。
3. 蕾丝遇水会湿软变形，因此不建议直接与水性大的材料进行贴合。
4. 可以密封常温保存，以免受空气湿度影响变得干燥易碎。

豆沙糖皮的做法

配方

豆沙 500 克、大米粉 55 克、全脂奶粉 30 克、高筋面粉 20 克、食用甘油 35 克。

将所有材料混合揉成面团。

蒸锅内放水烧开，蒸笼上可以放一块纱布或者硅胶垫。

将糖皮材料压扁放置在蒸笼上。

表面可以用牙签戳些小孔方便蒸汽通过。

大火蒸 25 分钟，可以拨开查看中间、没有生粉的话即可取出。

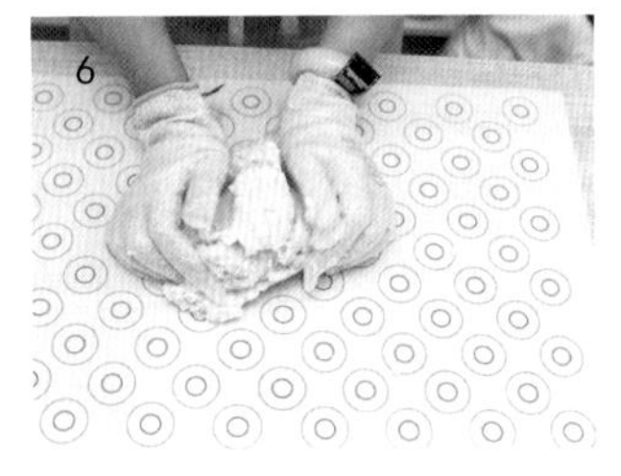

戴上手套趁热揉匀，会越来越光滑。

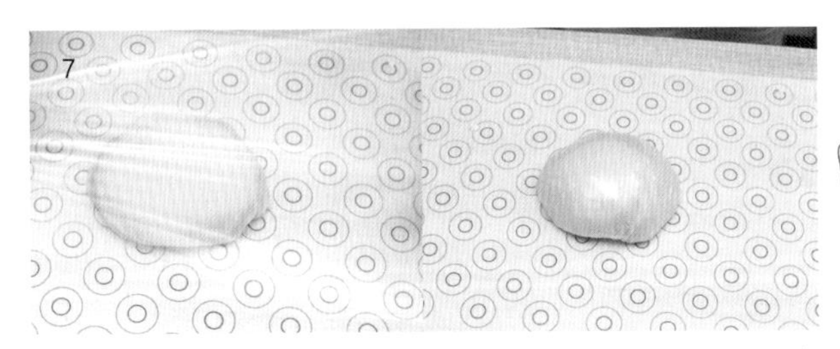

做好糖皮要用保鲜膜包起保存，以免变硬。要用的时候进行调色擀成皮就可以。

小贴士

一定要趁热揉，放凉后就不能揉成光滑的面团了。

豆沙裱花实例

叶子与枝条

第 53 页
第 54 页
第 55 页
第 56 页
第 57 页
第 58 页

我们在裱制叶子或者一些平面花型的时候，需要在裱花钉上放一张油纸，方便干后取下来。尽量选择厚一点的烘焙油纸，太薄的油纸容易使豆沙粘在油纸上撕不下来，也容易使裱好的叶子断裂。通常为了快速操作，我们会选择比较大的裱花钉，粘上一张油纸，在裱花钉上裱多个叶子。

基础叶子

合格标准： 有弧度，有尖角

裱花嘴： 17 毫米定制夹薄裱花嘴（可用任意直口裱花嘴裱制，比如 104、124）

调色要点： 注意混色，通常用纯度低些的绿色，夹杂着白色、棕色或者酒红色进行。裱出的风格也各不相同，加白色会比较清新，加棕色或酒红色会有冬天的感觉。

1. 裱花嘴从大裱花钉靠左下的位置起步，对着 10 点的方向，裱花嘴可以向 1~2 点方向倾斜。
2. 一边向上抖动，一边转裱花钉。

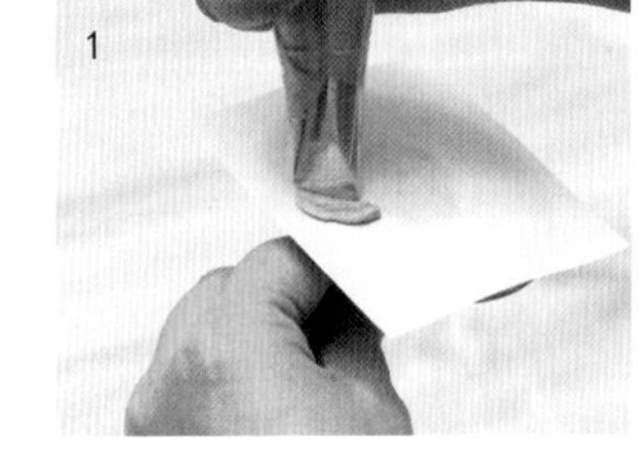

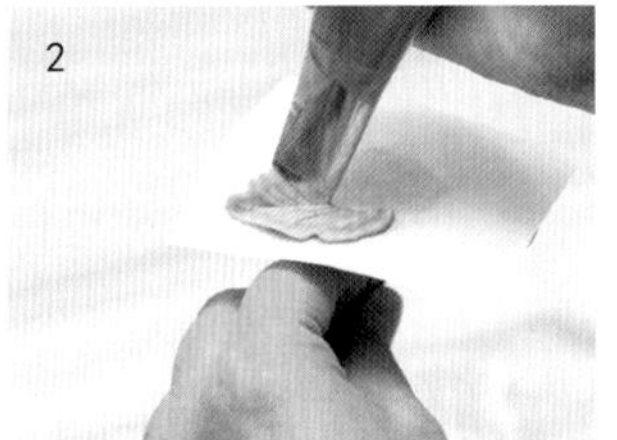

3. 裱到 12 点的位置时停一下，裱花嘴直立。
4. 转动裱花钉，裱花嘴向着 1 点的方向，继续向下抖动。裱花钉回到 6 点的位置。可以换个位置用同样的方法在同一个裱花钉上裱几片叶子。

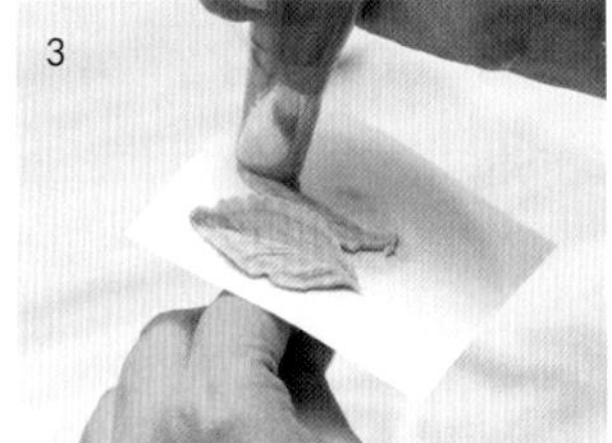

小贴士

1. 基础叶子的裱制手法比较关键，后面各种形状的叶子都是在此基础上的变换，基础手法是不变的。
2. 左手转动幅度不宜过大，左手一边转动，右手一边往上移动。
3. 裱花嘴在行走到 12 点的时候一定要停一下，裱花嘴与裱花钉垂直，这个时候手部不要用力，右边下来的时候再慢慢用力，停止与收力做得好，顶部才会裱出尖尖的形状来。

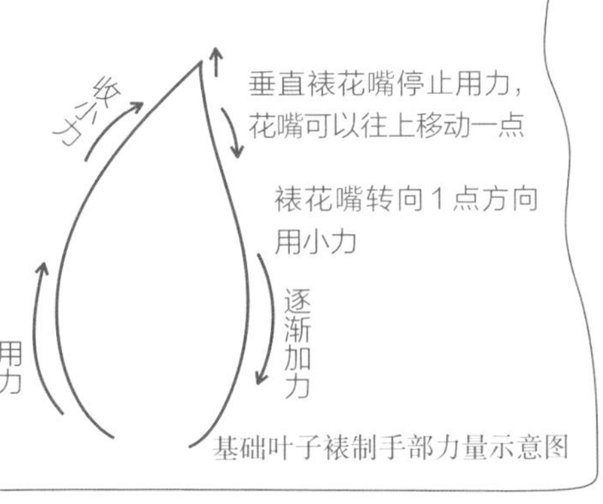

基础叶子裱制手部力量示意图

小叶子

裱花嘴：104、124或17毫米的直口花嘴，演示的花嘴是被夹薄的

裱花钉：14号

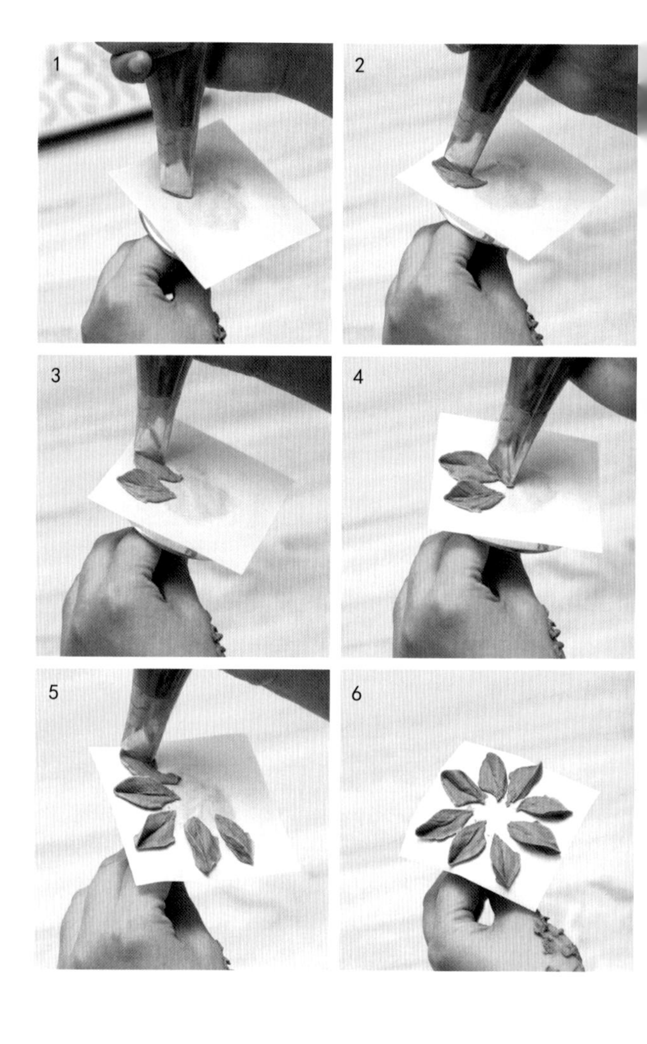

裱制要点

和基础叶子裱制方法相同，只是在手部向上抖动的时候，不要拉得太长，稍微向上抖动就可以停止换方向下来。

裱制的时候在裱花钉边缘位置起步，裱完一片叶子，转动方向换个位置，这样能多裱几片，方便使用。

长叶子

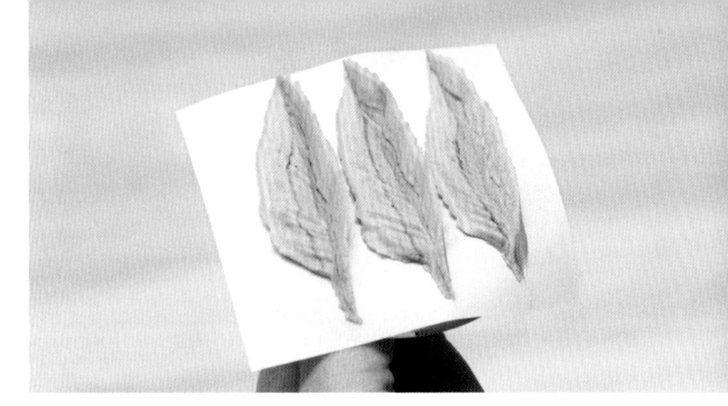

裱花嘴：17 毫米的直口花嘴

裱花钉：14 号

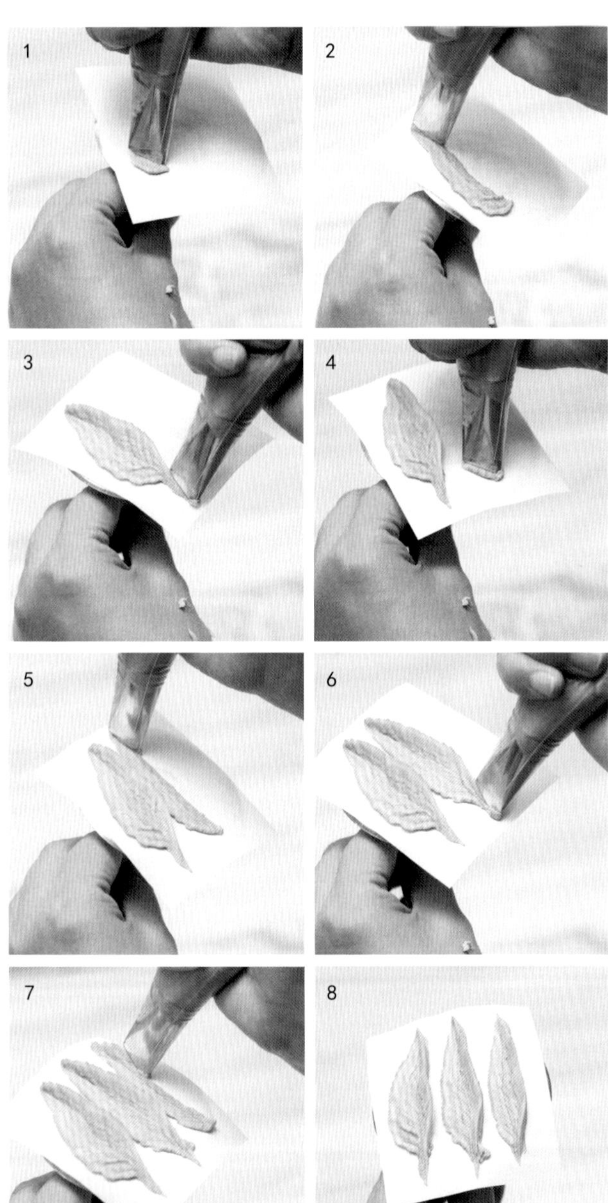

裱制要点

参照基础叶子裱制方法，右手往顶部移动时，要拉长一些，左手基本不转动，裱出的叶子不要有太大的弧度，直直长长的，顶部有尖即可。

三片叶子

裱花嘴： 17 毫米的直口裱花嘴
裱花钉： 13 号

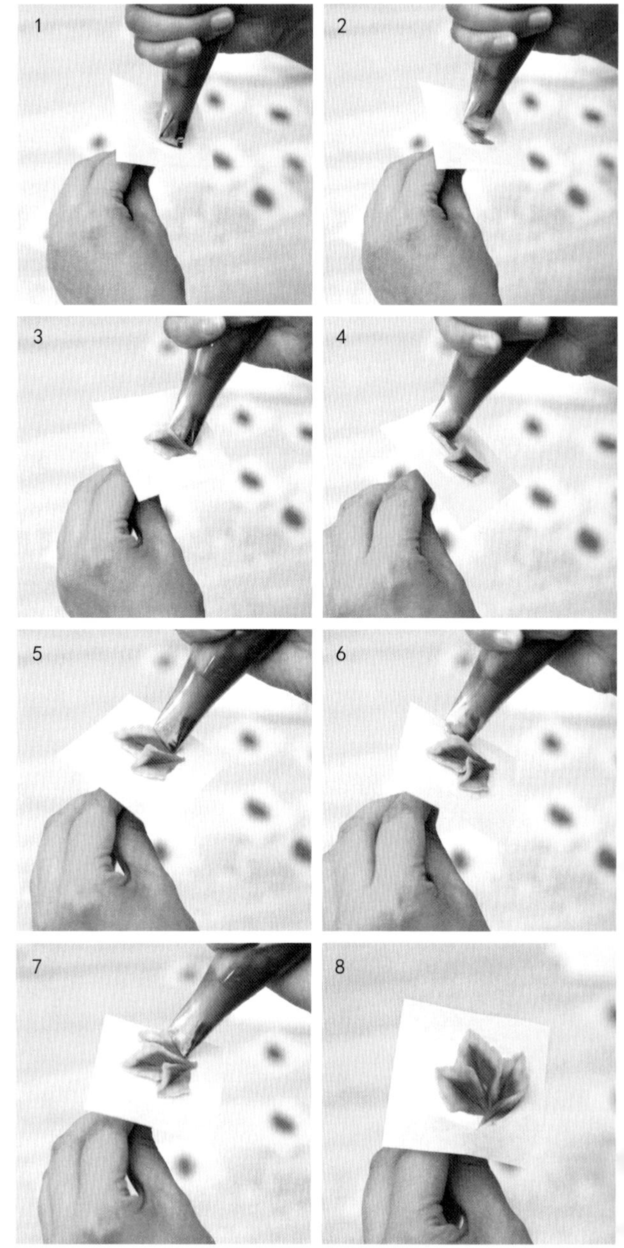

裱制要点

・和基础叶子裱制方法一样，先靠左裱出一片小叶子。

・从第一片的根部起步，垂直裱第二片，第二片要稍微长一些。

・从第二片的腰部起步，裱第三片。

小贴士

1. 使三片叶子的起步和收尾都在同一位置。
2. 要有高低错落，中间的叶子大一点，两边的叶子小一点。

小叶子枝条

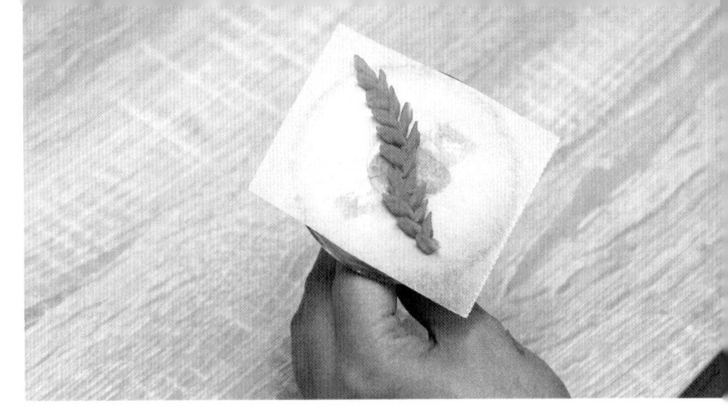

裱花嘴：1 号（A）、101 号（B）
裱花钉：14 号

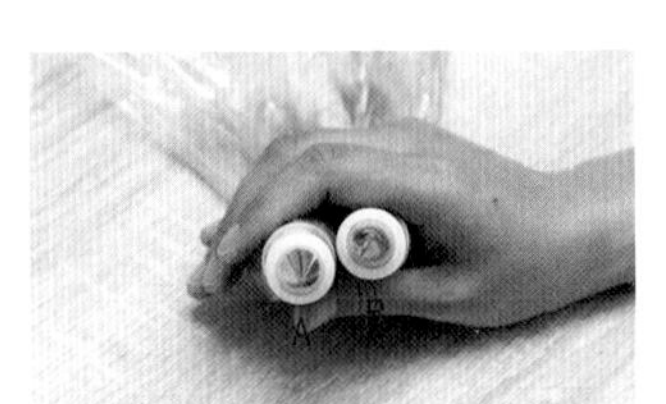

1. 将 14 号裱花钉粘上油纸。
2. 用 1 号裱花嘴拉出一根细长的茎脉，不要太直，可以有点曲度。
3. 将 101 号裱花嘴反过来，粗头向上，裱花嘴直立，推出豆沙往下收。先在茎脉顶部裱一个小叶片，然后左右各 45° 角分别裱出小叶片。两侧小叶片收尾的地方都对着中间的茎脉。
4. 完成后可以烤干，插到蛋糕上即可。

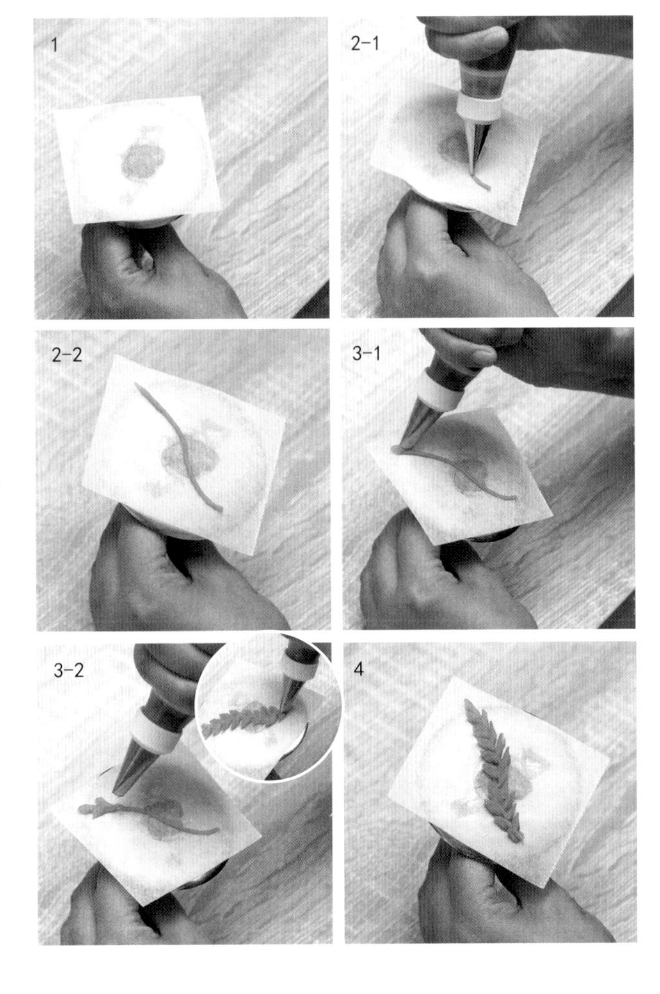

枝条

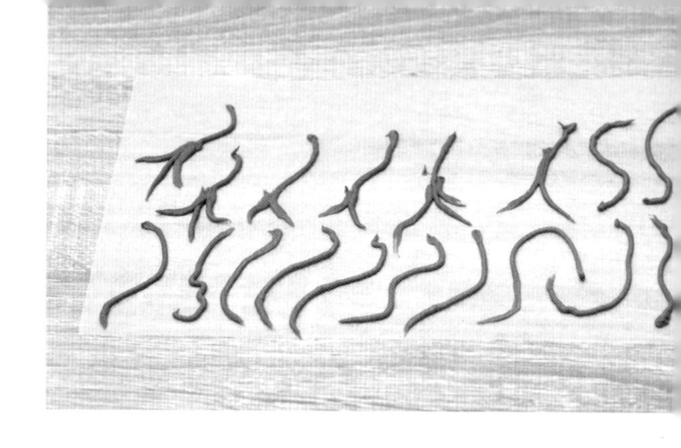

裱花嘴：3号

裱制要点

直接拉出即可，注意手部用力要均匀，手部力度松紧不一的话，枝条内有气孔，干了之后容易断掉。裱叶子的时候，可以一并裱一些细枝条，在裱花组装时一起使用，会使作品更加丰富。

叶子晾干与烘烤

裱出的叶子，需要变硬后从油纸上取下方可使用。使它变硬的方法有冷冻、晾干、烘烤三种。

冷冻

优点：回温后不影响口感。

缺点：所需时间较长，冷冻后从冰箱拿出后需要快速操作，否则很快软掉。

晾干

优点：省事。

缺点：需要提前准备，晾干的时间根据空气湿度不同各不相同，正常湿度下，需一天左右；晾干后是硬的，没有豆沙软软的口感。

烘烤

优点：快速得到。

缺点：烤干后比较硬脆，没有软软的口感。

叶子与枝条的烘烤温度为100摄氏度，烤20分钟，烤箱无须预热，直接放入即可。叶子的厚度不同，烘烤时间也不一样，可以相应进行调整。

小贴士

我们在晾干和烤干叶子时，可以在叶子下面做个支撑。将叶子固定形状，这样得到的叶子是弯弯的弧度，在组装作品时会更自然更好看。

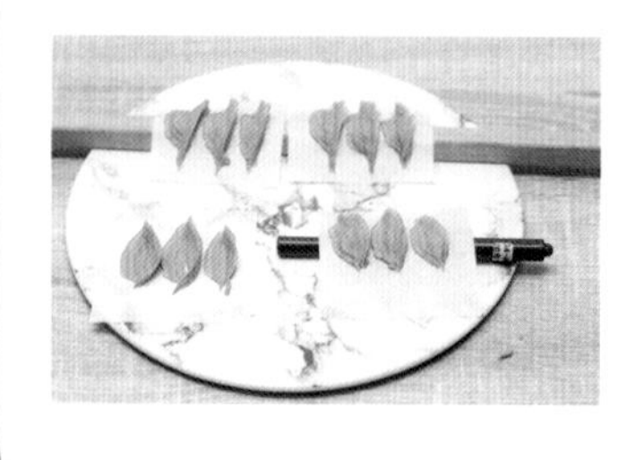

杯子蛋糕 1

在杯子蛋糕上组装花朵

第 62 页
第 63 页

山丘顶

1. 将豆沙抹到杯子蛋糕上。

2. 用小抹刀顺着侧面抹平，抹成一个小山丘形状。
3. 将挤好的花朵放上去。

4. 如果是放大的立体花朵，不宜放太多。通常用一朵大一点的花朵，搭配几个小的花朵或花骨朵。

5. 如果是组装小一点的花朵，或者是平面花朵，可以按先边缘后中间的顺序进行组装。

1. 直接用裱花袋将豆沙挤到杯子蛋糕上，从边缘开始挤，稍用点力，一层一层挤，上下是一样的宽度。如果中间有孔，可以补点豆沙。

2. 用小抹刀将豆沙抹平。
3. 表面平整后，可以组装一些小花环的造型。

杯子蛋糕 2

在杯子蛋糕上直接裱花

第 66 页

第 68 页

大丽菊

裱花嘴：23(A)、23(B)、125K(C)、104(D)

调色：

1. 用 Wilton 抹茶绿调个绿色装入 104 号裱花嘴。
2. 橙色加黑色，调出黄棕色，将一部分较深的颜色装入 23 号裱花嘴。
3. 挑一点棕黄色，较淡的装入 23 号裱花嘴。
4. 抹一点棕色和白色豆沙进行混合，调出更淡的装入 125K 号裱花嘴。

调色示意图

1. 用裱叶子的手法，用 104 号裱花嘴在杯子蛋糕上裱一圈叶子。

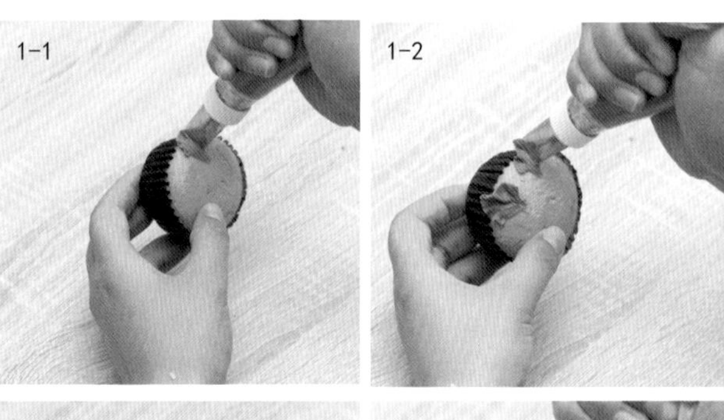

2. 还是采用类似于叶子的裱制方法，用 125K 号裱花嘴裱花瓣，裱花嘴不用从中心点起步，而从靠近边缘的地方开始。裱花嘴移动到 12 点叶子中间尖角部分的时候，要往左折一下，这样叶片会有褶皱感。

3. 先顺着裱一圈，每一片不要重叠。
4. 在前一层两片中间，裱第二层，花瓣大小和前一层一样大。每个花瓣大小不用完全一样，每个花瓣不重叠，有小空隙。杯子蛋糕的中心留空。

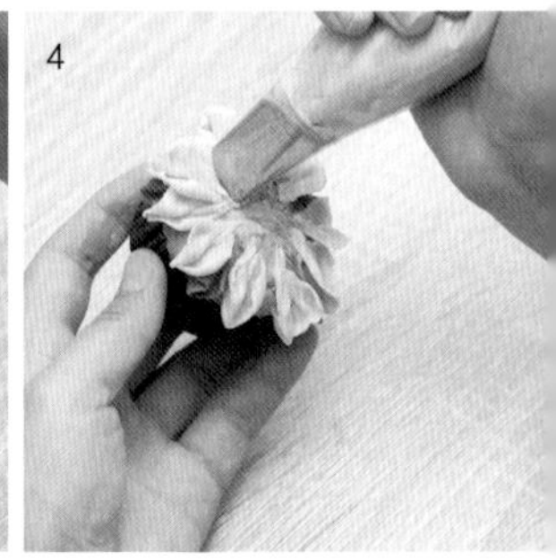

5. 采用类似于叶子的裱制方法，裱完第二层，每一片在上一层两片中间。

6. 现在可以裱花心部分，也可以继续裱里面的一层，第三层的花瓣要小一点。

7. 使用 23 号裱花嘴，深色部分裱花心，垂直于杯子蛋糕表面，手部轻轻点在中间的部分裱成一个小圆球。再用颜色稍浅的 23 号裱花嘴，在黄色周围裱一圈。最后用牙签蘸点色素，在花心部分轻轻点一下。

芍药

裱花嘴： Wilton123 夹薄 (A)、23 号 (B)、4 号 (C)，1 号

调色：

1. 用抹茶绿调个绿色装进 4 号裱花嘴。
2. 橙色加黑色，调出较深的装进 23 号裱花嘴。
3. 蹭一点棕黄色在白色豆沙里混色，装进 Wilton 123 夹薄裱花嘴。

调色示意图

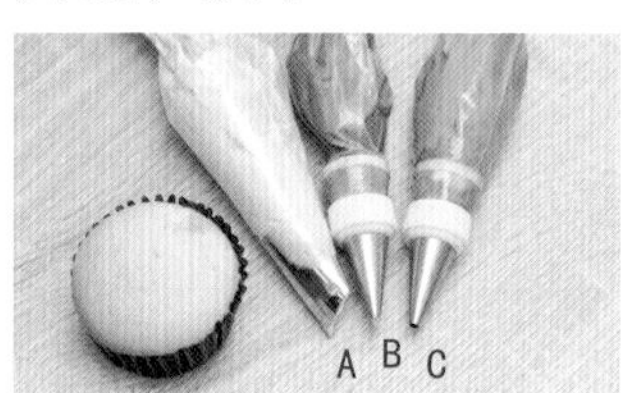

1. 在杯子蛋糕靠边缘的位置用 123 号裱花嘴裱花瓣，一组三四片，裱花嘴冲着 10 点方向拉长再转到 1~2 点方向收回到原点位置。每一片可以有些不一样，裱花嘴在花瓣右边收回的时候从 12 点转回到 10 点，使花瓣往内扣，包住之前的花瓣。
2. 第二组与第一组要留有明显的间隔，同样地裱几片花瓣，每个花瓣不要完全一样。收尾在同一位置即可，花瓣可以立起来，也可以低一点。
3. 用同样的方法，把第一圈裱好。每组之间空隙要大，每组不要完全一样的花瓣，花瓣的数量和形态都要有些变化。
4. 在第一层的基础上，我们挑两三组，在同样的位置往上叠加花瓣，让有的小组高一些，有高低层次感，花瓣的形态不用完全一样。

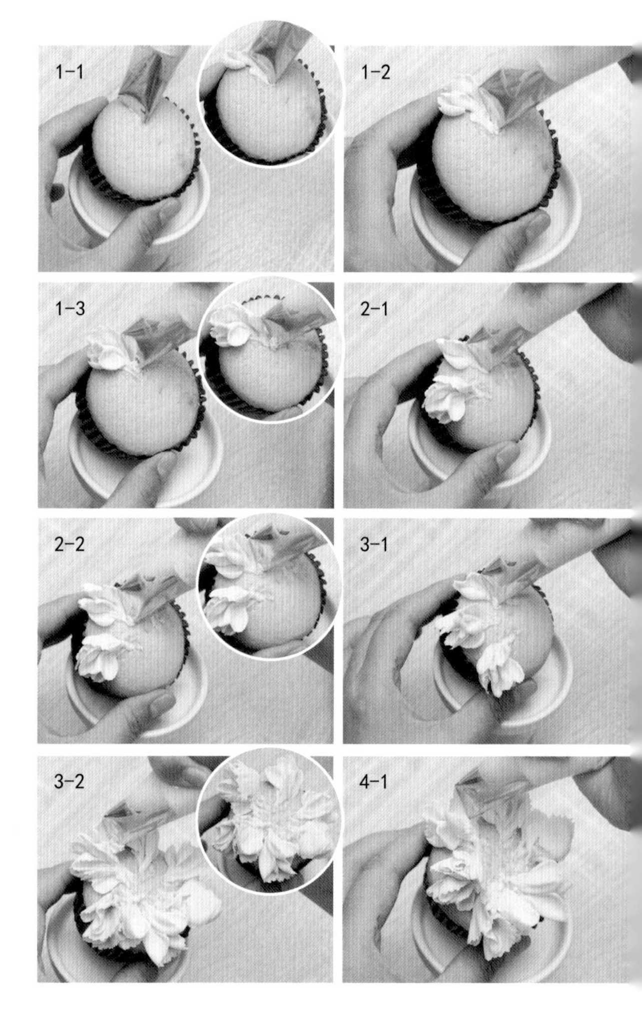

5. 裱花嘴来回折叠，将中间的空隙补一下。

6. 在里层，继续在每组上补花瓣，不用每组都补，营造交错感。在空隙特别明显的地方，可以裱一些花瓣补充一下，花瓣在同样的位置层层叠加即可。

7. 可以用手辅助整形，让花瓣有的组立起来、有的组低一些，贴近杯子蛋糕面。从外面看特别空的地方，补几片花瓣。

8. 用 4 号裱花嘴裱花心部分，裱花嘴微离开表面用力，推出豆沙后拔高，收的时候往内扣，裱 4 个靠在一起的花心。

9. 用 23 号裱花嘴裱棕黄的花蕊部分，用力点出小点，拔高一些，不要太圆，也不要太整齐，散落在花心周围。

10. 用 1 号裱花嘴轻轻用力往外拉，拉出一些长花蕊，不用太密。

11. 用牙签挑一些红色的豆沙，轻轻放在绿色花心上。

12. 用牙签挑一些棕色的色素，在长花蕊的尽头和中间花蕊部分轻轻点几下。

13. 完成的样子。

糖皮满花式造型

第 72 页

第 75 页

第 78 页

第 82 页

大牡丹花

裱花嘴： Wilton 123 夹薄、4 号、23 号

裱花钉： 7 号

调色： 花瓣部分用粉红色、中央绿色花心用抹茶绿、花蕊用橙色加棕色。

视频二维码

1. 用 Wilton 123 裱花嘴垂直于裱花钉表面，用力挤出豆沙，做个基柱，约 4 厘米高，然后在外面围两圈，边缘围边稍高于中央部分。

2. 用 4 号裱花嘴从中央往上拔，挤出四五根线条作为花心，花心底部是个小圆形，顶部靠在一起。

3. 用 23 号裱花嘴，在花心周围挤上花蕊，不要拔得太高，挤满刚才基柱围住的表面即可。

4. 用 Wilton 123 的裱花嘴对着基柱，大概 11 点方向。裱花嘴要高于中心部分，稍微悬空，挤出豆沙往斜下方拉，左手不转动。同样的手法裱制三四片一组，注意每一片不要完全一样，起步、高度以及下拉的位置要有所区别。裱出的总体高度要比中心点高（起步时裱花嘴不要靠着基柱，要悬空，先推出花瓣，待到弧形出来时贴住下拉）。

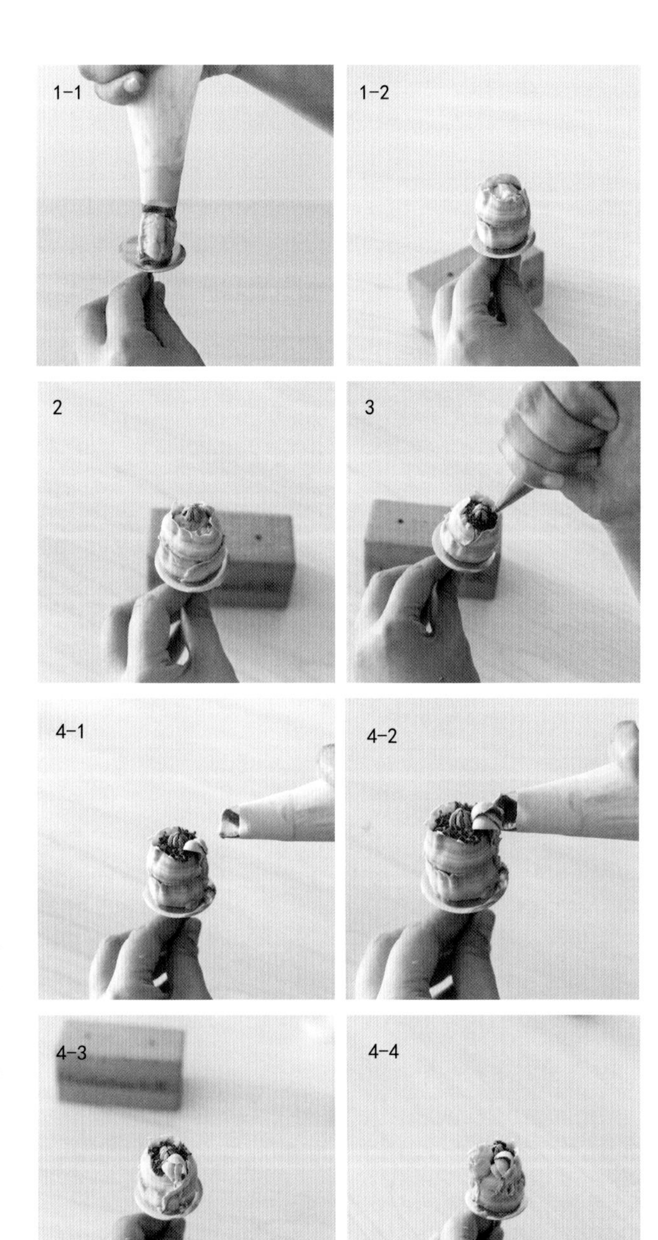

5. 同样的手法裱一圈，裱出四五组，每组三四片。每组之间不要连得太紧密。花瓣不要完全一样，其高度比中心点高。

5-1

5-2

6. 裱花嘴往下移一些，在第一层两组的中间位置起步，垂直于花柱的位置。用右手画问号的方法往下裱花瓣，左手可以轻轻转动。一组三四片，每片起步和收尾不要完全一样，从侧面看，花瓣像个问号的形状。

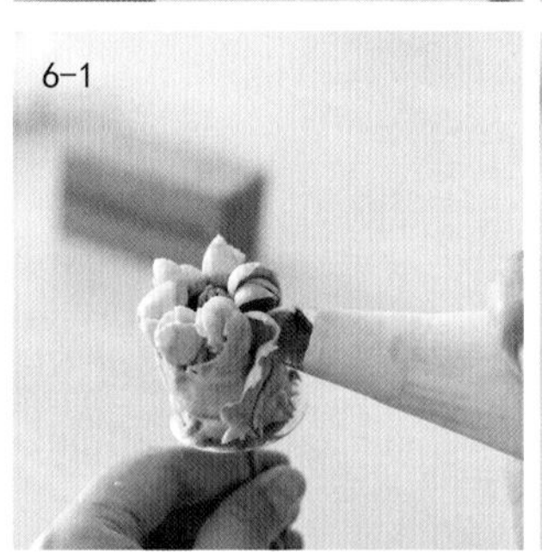
6-1

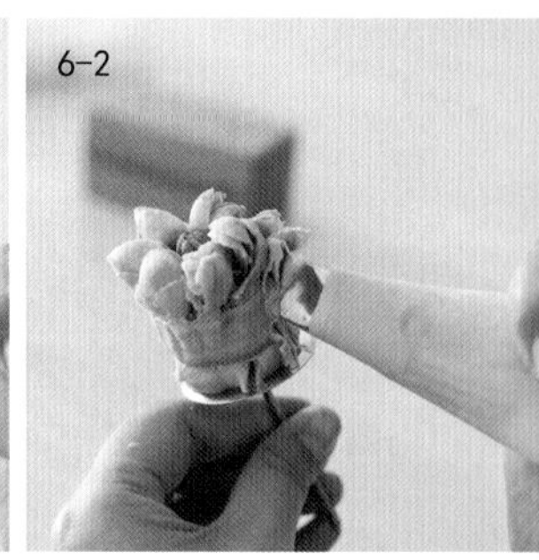
6-2

7. 围一下基柱，使上下呈圆柱形，不要出现下面太窄的情况，否则裱花瓣时花瓣容易藏在后面，从上面往下看时，也看不到整个花型的外花瓣盛开的情况。

6-3

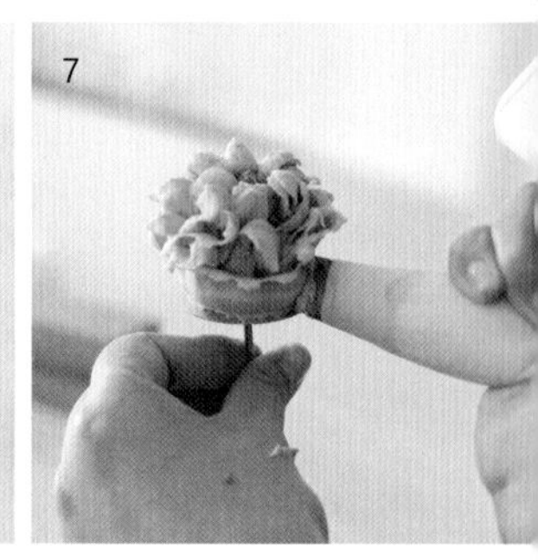
7

8. 用同样的手法，从第二层的两片中间、更低一点的位置裱最外层的花瓣，也是用画问号的手法，三四片一组。

8-1

8-2

带花心玫瑰花

裱花嘴：17 毫米直门夹薄

调色：花瓣部分蘸一点点的粉色色素调成淡色，花心部分用橙色和棕色在刮板上调一点点豆沙。

视频二维码

1. 裱花嘴垂直于裱花钉表面，来回折叠到3厘米左右的高度，表面是平的。

2. 裱花嘴在基柱表面中心偏 3 点的位置，裱花嘴大概冲着 10 点的方向，往边缘位置裱两个小花瓣。左手转动半圈，右手随着转动，往下拉，做出小花瓣，有弧度。

3. 在第一组两片小花瓣的对面，裱两片花瓣，两组差不多围成一圈。

4. 裱花嘴在 3 点的位置，贴着花桩，垂直裱 3 片花瓣，要比中心的小花瓣高一点，3 片围成一圈，每片之间不重叠。起步时左手转动，同时右手上下画弧，转动停止的时候右手落下还是在 3~4 点的位置，注意花瓣的纵深，不要横拉。

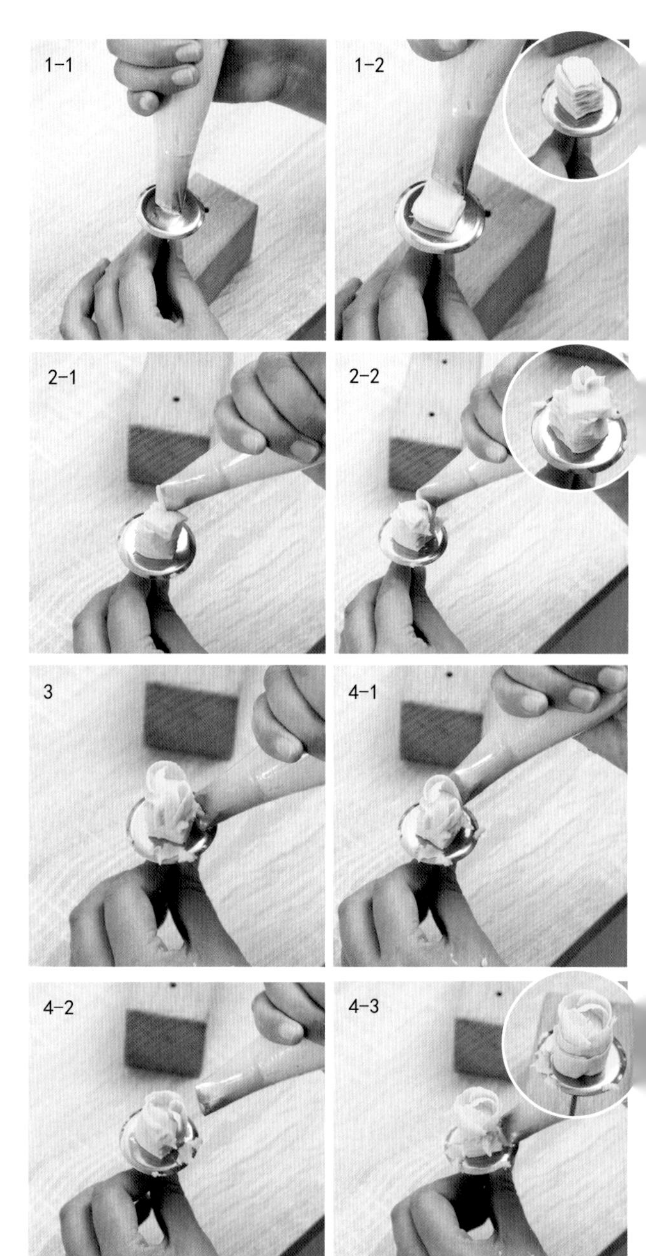

5. 裱花嘴还在 3 点的位置，在上一层两片花瓣中间，裱花嘴稍向外打开朝向 1 点的方向裱花瓣。裱的时候手可以轻微抖动一下，不要抖得过多，使花瓣有一点大褶皱。裱出 3 片，每片中间不重叠。左手转动和右手上下是同时开始、同时结束。这一层的花瓣可以比前一层稍稍高一点，也可以和前一层一样高，但不要低于前一层。
6. 裱花嘴继续打开至 2 点方向，3 点位置起步，在前一层的两片中间裱外花瓣，3 片围成一圈不重叠。这一层的花瓣是打开的，比之前要低要平，可以将裱花钉向左倾斜，以帮助右手更好地找到位置。如果觉得花还不够大，可以以同样的手法再裱一层，裱花嘴可以再打开一些。

7. 用牙签蘸些橙色和棕色的豆沙，放到花朵中央当作花心，随机挑一些，也可以再放一些绿色的豆沙，绿色放中间的话用量不要太多，比直接用裱花嘴挤方便而且看起来更自然。调好色的豆沙放置一会儿，稍干点挑起来会更自然。

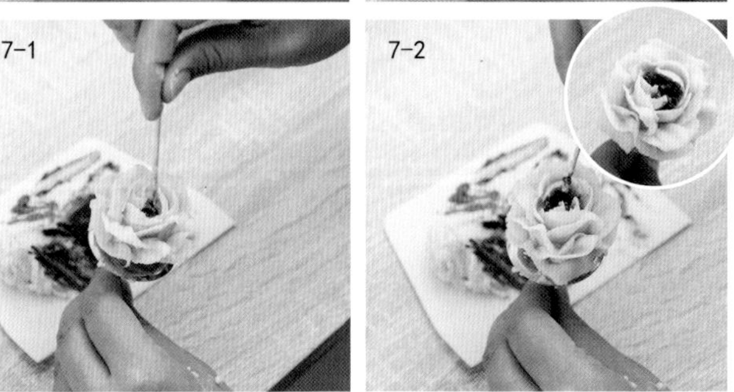

天鹅绒

视频二维码

裱花嘴：10 毫米直口夹薄、4 号、1 号夹薄、Wilton 349

调色：

1. 花瓣：用 10 毫米直口夹薄裱花嘴装白色，豆沙加白色素。
2. 中央花心：4 号裱花嘴，抹茶绿加一点黄和黑色调成深墨绿色。
3. 花蕊：用 1 号夹薄的裱花嘴，白色豆沙蹭一点点调好的墨绿色调成一个淡淡的果绿色。
4. 基柱：抹茶绿。
5. 花枝：Wilton 349 裱花嘴，用抹茶绿调豆沙。

裱白色的小花瓣

裱花嘴：10 毫米直口夹薄（或 Wilton 102 夹薄）、4 号、1 号
裱花钉：6 号

1. 裱花嘴垂直于裱花钉表面，裱一个平面。
2. 裱花嘴在 12 点的位置，朝向 1 点钟方向，用类似于绣球的做法，裱一个小花瓣，裱花嘴从边缘推出豆沙后立即下拉，左手不转动，花瓣不是弧形而是菱形的。一圈裱 6 片。
3. 用 4 号裱花嘴在中心点一个圆圆的花心，悬空点会容易圆润一些。然后用 1 号浅色从中央往四周拉出一些细细的花蕊，中间可以轻轻点一下。
4. 每朵天鹅绒的大花根据开放程度，裱 4~8 个小花朵即可。

组合天鹅绒大花

裱花嘴： Wilton 349
裱花钉： 7 号

1. 用转换头直接在裱花钉上转一圈起个平的基柱，大小和裱花钉一样大。然后继续用转换头在中央位置拔出一个圆柱形。

2. 用 Wilton 349 的裱花嘴，从顶部开始，一圈一圈地拔迷你的长叶子形状。每片之间不要贴得太紧密，叶片一层比一层拔得长一些，包住里面的部分。

3. 继续往下裱，右手是放在裱花钉 3 点的位置，裱花嘴对着基柱，挤出豆沙后，往外拔一下离开基柱，再往内扣。这样每根就可以有鼓一点的形状。裱制的时候，根部是一层比一层低，不需要每一根都完全一样。最后一层可以拔几根长的到顶部，整个形状是个球。

4. 用裱花嘴在中心和底部基柱的中间、矮一点的位置挤一小块豆沙，然后用Wilton 349 在豆沙上裱一两圈，裱出小小的花枝，然后用同样的方法，一圈裱三四个花枝。

5. 在小花枝的中间，挤一点豆沙做黏合或支撑。把事先挤好的小白花装上，可以利用支撑的豆沙的用量，来控制花朵的高度。不要每朵花都一样高，也不要都朝向一个地方。不用分布得太均匀，可以两朵一起，也可以三朵一起，最终做到错落有致。

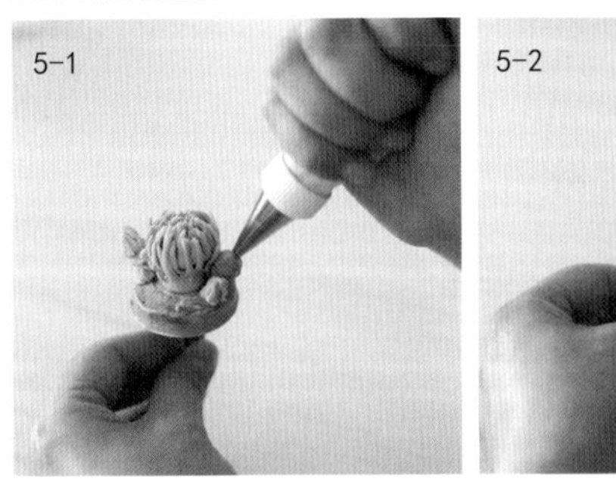

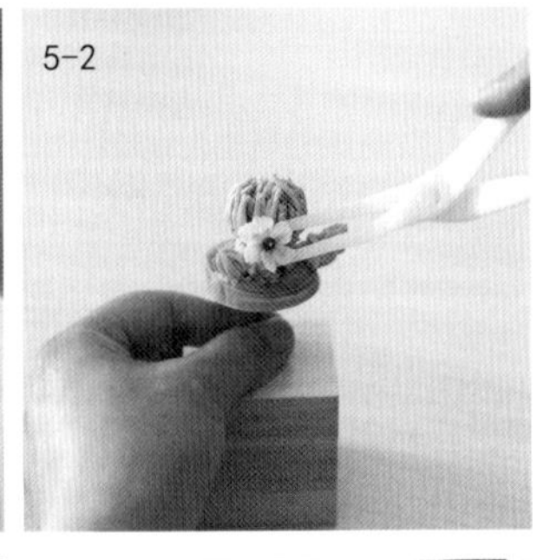

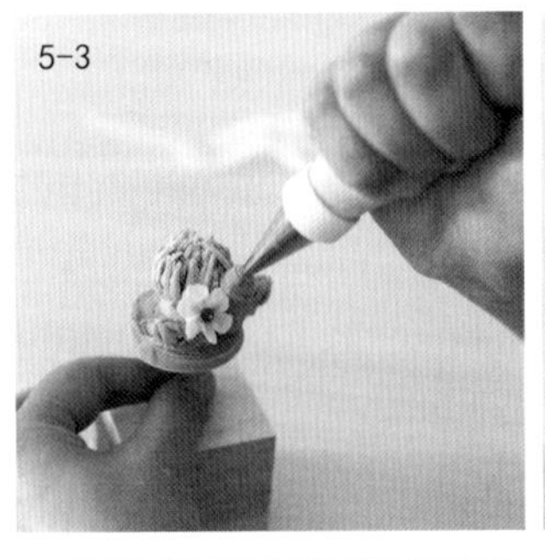

组装

准备材料： 豆沙糖皮、豆沙蕾丝、威化纸、裱好烤干的叶子（绿色和紫红色）、烤干的枝条

裱好的花朵： 大牡丹、玫瑰、天鹅绒

1. 将事先做好的豆沙糖皮染色揉匀，并按照蛋糕的周长与宽度切割出长方形的形状。

   注意：如果不会计算周长，可以用一根线先围一下蛋糕，围出的长度即糖皮的周长。

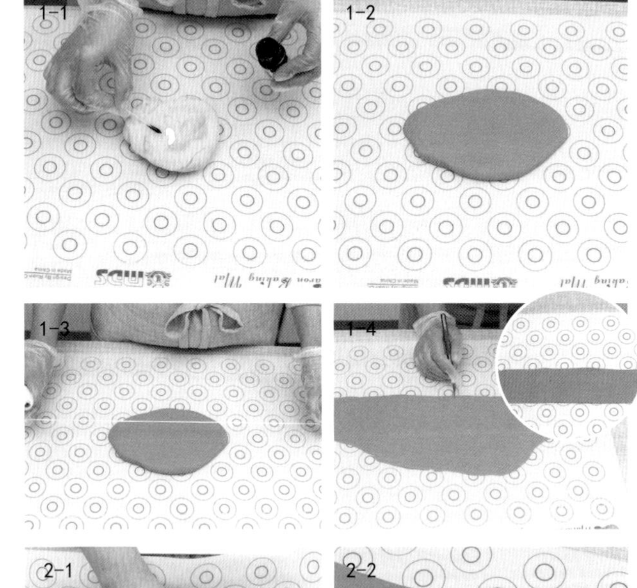

2. 可以用英文字母或者字模符号，在糖皮上轻轻按上文字。

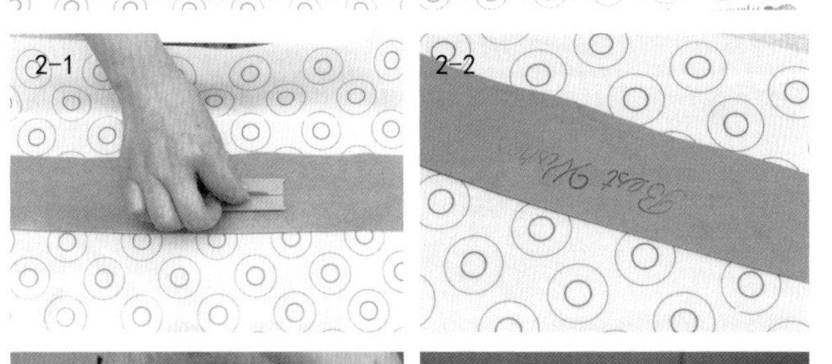

3. 将事先准备的蛋糕抹一下面，不用太平整。

4. 用一张 A4 的威化纸，对折两次，再沿对角线切开，三角部分朝上，贴在蛋糕的侧面，可以抹一些豆沙，辅助黏合。

5. 将糖皮围住蛋糕侧面，接口处用力捏紧即可。底部可以借助刀或尺子往里轻推，保证线条流畅。
6. 开始装花，先用绿色的豆沙打底做支撑，里面的一块大点，外面的一块小一点。这样放上去的花朵花心朝向外面成 45° 角。大花的旁边放一朵中等大小的玫瑰。外围的花朵要避免花心直冲上。
7. 继续沿着外侧装花，花朵的大小要有区别。不要用完全一样的花朵装裱，颜色和大小上要有层次感。花心也不要向着同一个方向，花朵的高低也要有些区别，不要在一条水平线上。花朵之间也不用靠得太紧密。
8. 装了四五朵花之后，在中间围住的地方，可以挤一些豆沙，用一枝天鹅绒把空间补上。

9. 把另一侧外围的花朵装好，外圈的花朵位置尽量低一点。大花不要超过两朵，其他用中小号的花朵搭配组装。

10. 观察整个作品，若有比较空的地方，可以选择一些小花或配花加以补充。可以事先挤好一些紫色的叶子，也可以在中间组装一朵花。先挤一点豆沙，然后把叶子插在豆沙上形成一个花朵的形状，再挤上花心即可。

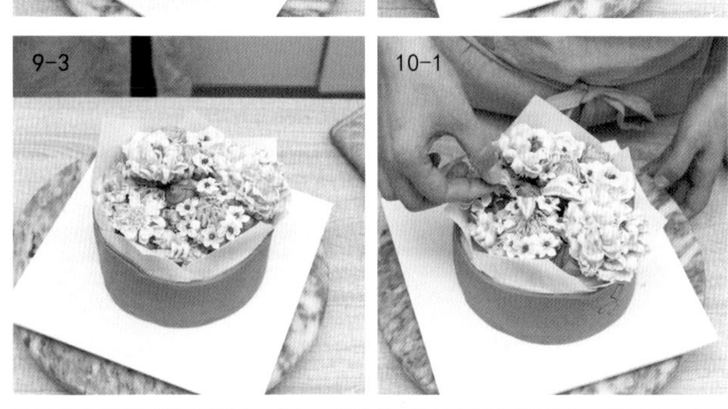

11. 最后，装上叶子和枝条，也可以用蕾丝进行空间装饰，观察整个形状做一些细节调整。

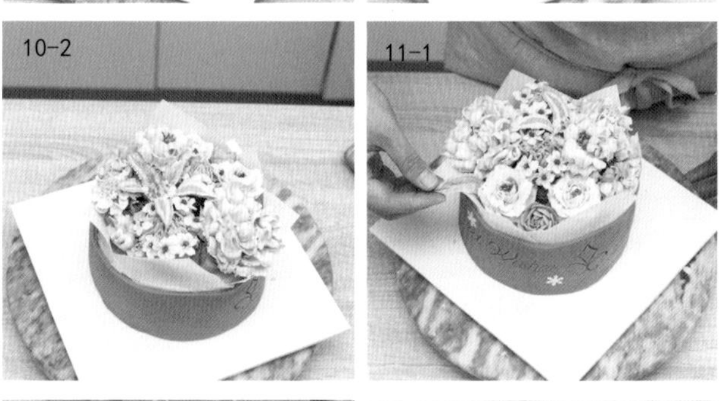

12. 完成的样子。

芍药、笑靥花与窗形造型

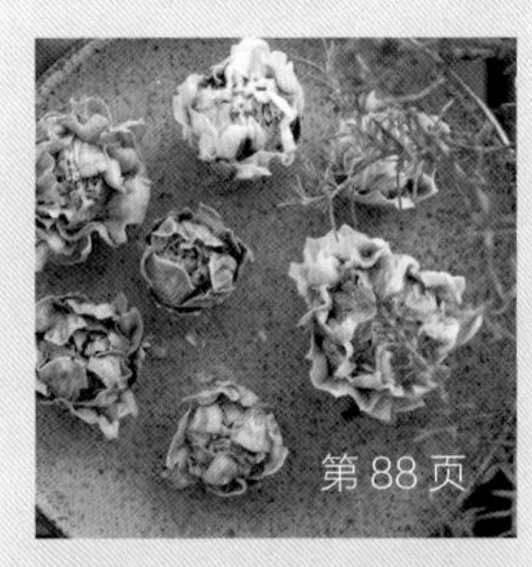

第 88 页

第 90 页

第 92 页

第 94 页

圆形芍药

豆沙配方： 自然系配方
裱花嘴： Wilton 123 夹薄、121 号夹薄
裱花钉： 7 号
调色：

1. 先调出小部分紫色，跟白色豆沙混合成不同深浅度，装入 Wilton 123 的裱花嘴。
2. 用抹茶绿调出绿色装入 121 号裱花嘴。

视频二维码

准备组装的花朵可以裱制不同的大小，我们采用加上花心一共做四层的手法，任何花朵多裱一圈整体都会更大一点。如果想要小一点的花朵，最外层的开放花瓣可以不裱，直接裱花萼即可。

1. 用 Wilton 123 的裱花嘴垂直于裱花钉，用力往上挤出一个基柱。裱花钉可以冲着自己以方便右手用力（基桩大概 3 厘米高）。

2. 裱花钉可以继续冲着自己成 45° 角左右，裱花嘴贴着基柱，顶部始终在中心点的位置，右手一边上下抖动，左手一边转裱花钉，转一圈半左右，直到形成一个鼓鼓的花心部分。

3. 裱三四组花瓣，每组三四片，贴着基柱，每组之间有间隙，操作手法是裱花嘴贴着基柱。在 4~5 点位置起步，往胸口方向斜拉出一片。左手不要转裱花钉，容易把花瓣裱得太僵硬。

4. 裱花嘴从基柱 3 点位置靠下方起步，裱花嘴往内向 11 点方向，一边抖动一边上移，到达顶部时可以把裱花嘴往内扣一点然后抖动裱下来，这样可以使花瓣包住里面的花心部分。一圈裱三片左右，每片不要完全一样高、一样大，三片要有大有小、有高有低。

5. 开始裱外层，裱花嘴在 3 点左右位置起步，然后往外打开至 1 点左右方向抖动裱制花瓣。外层的花瓣是开放的，裱三四片，也是要有大有小、有长有短。

6. 用121号裱花嘴在外层裱上花萼即可。

庭院玫瑰

这朵花分为两组做法，一组是由内而外裱开放的花瓣，一组是由外往内用力裱鼓鼓的花瓣，一共 6 组。每组可以多裱几片，鼓的那组可以高一些，整个花朵不用在同一平面上，错落有致会更自然些。

裱花嘴： Wilton 123 夹薄

调色： 可以在刮板上调出少量黄色和绿色，花瓣部分用白色。

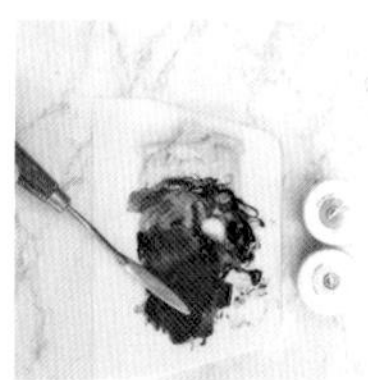

视频二维码

1. 裱花嘴靠近中心点的位置，裱花嘴朝向 10 点半左右方向，以叶子的裱制手法裱一片花瓣。
2. 裱花嘴贴住第一片后面再裱一片，在两片上面再裱两三片，一组多个花瓣，靠近中心的部分花瓣可以小一点。
3. 裱花钉转动位置，裱花嘴内扣，从裱花钉外缘往中心点的方向裱鼓鼓的内扣花瓣，裱 4 片以上。在同样的位置叠放，使这一组的花瓣鼓起来、高出来。裱花嘴往中心点移的时候要收力，这样花瓣才能看起来边缘饱满。
4. 用和第一组一样的手法，由内往外裱开放一点的花瓣，一组 5 片左右。
5. 用和第二组一样的手法，由外往内裱鼓起来的花瓣，可以更高一些。
6. 重复以上过程，一组开放、一组圆鼓地裱花瓣，直到裱满。
7. 用牙签挑一些带色的豆沙放到中心位置，用牙签戳几下使其更自然些。

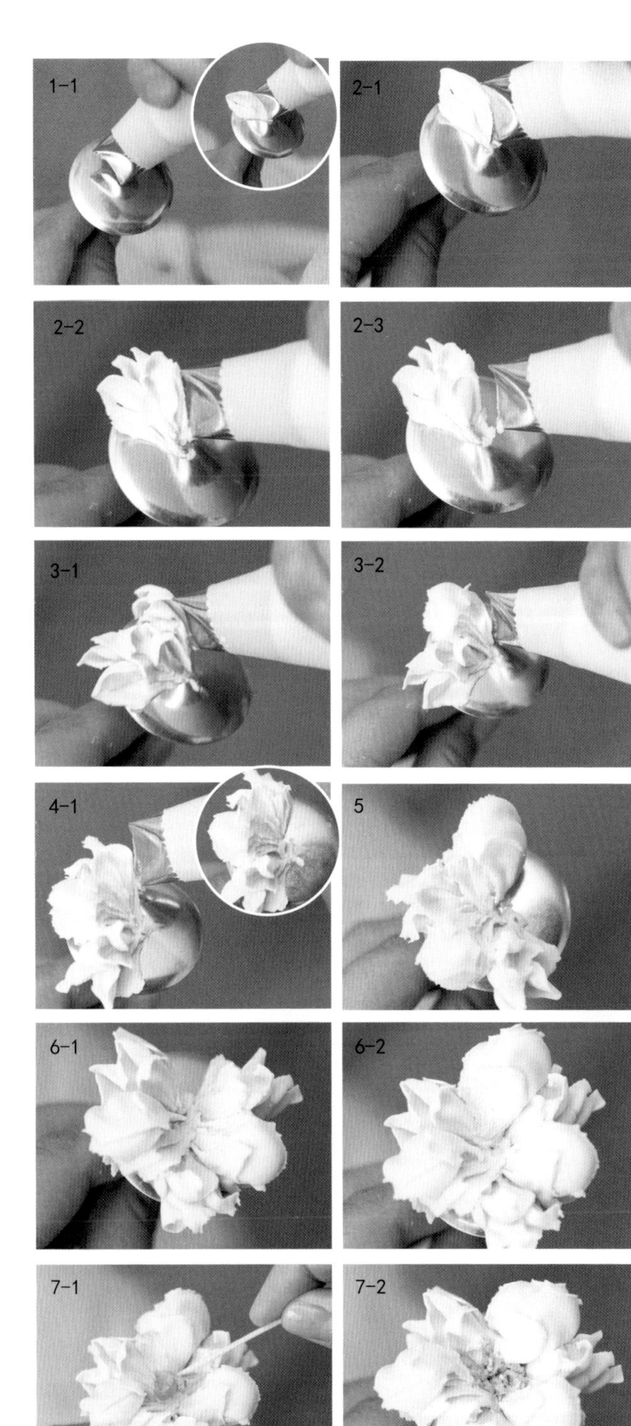

笑靥花

裱花嘴：10 毫米定制或 102 号夹薄、0 号
裱花钉：7 号
调色：用抹茶绿调个绿色，用转换器装入 0 号裱花嘴。

视频二维码

1. 将装绿色豆沙的转换器垂直于裱花钉，做一个圆鼓状的基柱。
2. 裱花嘴在顶部中心位置，大头向下，向 1 点方向转弧，左手转动，裱一个弧形的小花瓣。手部要控制好力度，不要裱得太大。像裱花朵一样裱 5 片。
3. 在这一朵花的旁边位置以同样的手法，裱同样的五瓣小花，可以倾斜裱花钉，以便于右手的裱花嘴操作。

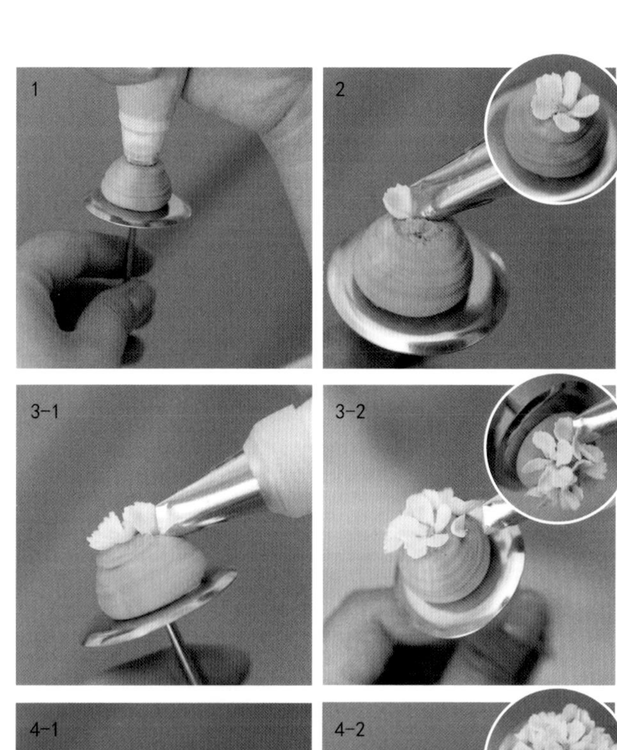

4. 靠近下面的位置不好裱整朵花的话，裱两三片一组的即可，直到裱满整个基柱。花瓣不要挤得太密，能透出基柱的绿色最好。

5. 用 0 号裱花嘴，在每一朵小花的中心拉出长长的花蕊。

组装

裱花嘴：0 号、7 号（修整过的）

准备材料：烤好的长叶子若干、棕色枝条两小枝、威化饼干一包、不同大小圆形芍药四五朵、庭院玫瑰三四朵、笑靥花 5 朵左右、用黑色色素调一点灰色的豆沙。

我们直接在蛋糕板上进行造型演示，大家在制作的时候，也可以放在方形的蛋糕表面进行装饰。

窗框做法视频二维码

组装视频二维码

1. 用灰色的豆沙抹个底，豆沙不需要调得太均匀，浅灰透点白，这样看上去会更接近窗户玻璃反光的质感。
2. 用威化饼干拼一个窗户的形状，大家也可以做成尖形，或者一些门的式样。
3. 将加了白色素的豆沙在饼干上抹一层，放上两条烤干的棕色豆沙做窗把手。
4. 用 0 号裱花嘴在窗户顶部往两边拉一些枝条，可以在底部再用刮刀随意抹出一些叶子形状，抹得不好看也没有关系，装上花会盖住大部分的。
5. 依次放上裱花的花型，主花型放在顶部位置，花心朝向注意不要为同一个方向。要有交错感，笑靥花靠近两边放，也要注意交错感。
6. 用 7 号修整过的裱花嘴打一个小基柱，在 6 号裱花钉上裱一朵小的风信子。从下往上往外拉花瓣，裱 4~6 片就可以。然后用裱花剪将其直接放在蛋糕上。用同样的手法裱出多朵，风信子这样的小配花要多一些放在一起才好看。
7. 用准备好的长叶子和枝条做最后的装饰即可，花朵之间空隙比较大的地方，可以多放两枝。

芍药及相对式造型

第98页

第101页

第103页

芍药

裱花嘴：
Wilton 123（稍微夹薄些，不要太薄）、121 号（夹薄一些）

视频二维码

1. 将裱花嘴垂直于裱花钉，用力挤豆沙，边挤边缓慢抬手，起个基柱。

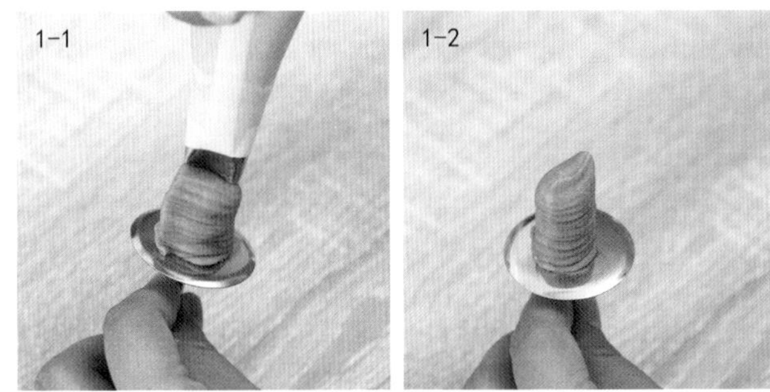

2. 裱花嘴大头朝下，在 4 点位置，冲着 11 点的方向转一圈半（起步的同时左手转裱花钉，右手在原地位置不动，均匀用力挤出。手部抬高再落下，就会裱出尖尖的花心）。

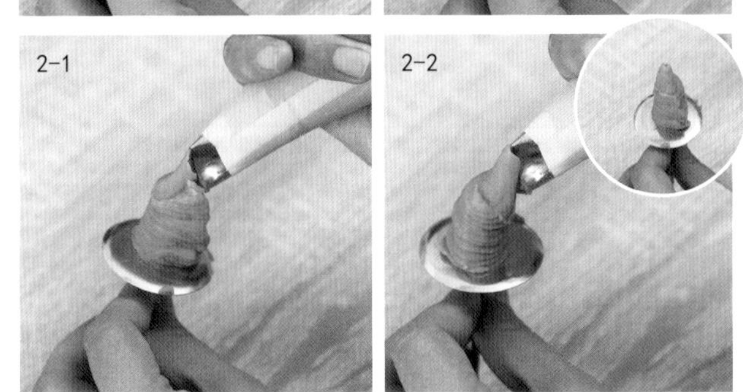

3. 裱花嘴在 3 点的位置，贴着基柱，冲着 11 点方向。起步后，右手用力的同时左手微微转裱花钉，右手往斜下方拉花瓣，幅度不要太大。右手不要往上画圆，也不要横拉，是直接拉到底部，这样花瓣才会出现尖角。裱 3 片转一圈。

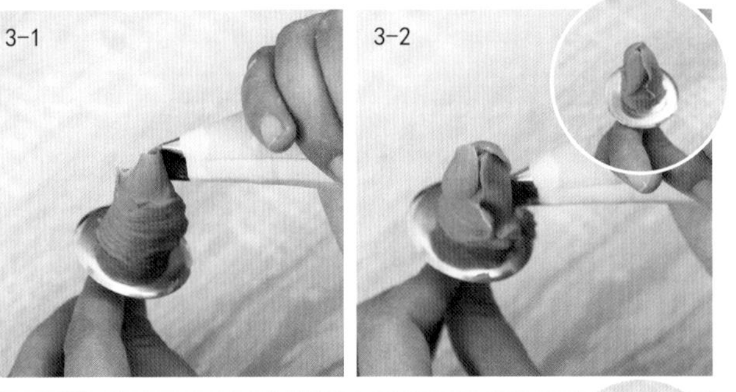

4. 第二圈，在前面两片花瓣的中间位置裱花瓣，每片花瓣不重叠，都是同样的做法。一圈 3 片，根据想要的大小，再围一两圈都可以。裱完后，每片花瓣间有空隙，花瓣呈菱形有尖角，中间不要贴得太死板，每一层之间有空隙才会显得灵动些。

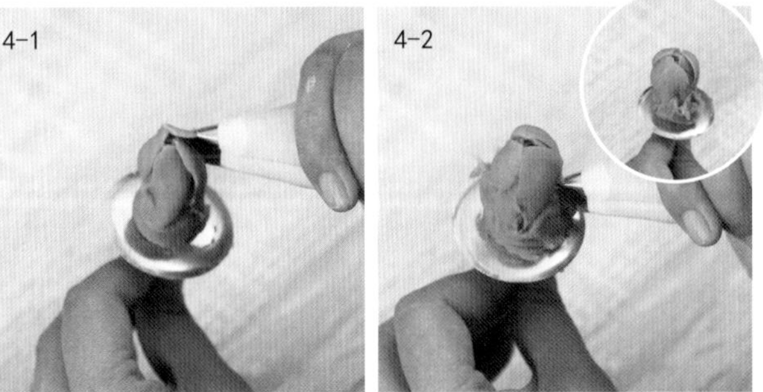

5. 如果要裱花苞，用 121 号裱花嘴，贴着花苞在外围裱两三片叶子即可。裱花嘴在3点的位置，完全贴住基柱，用力的同时左手转动，右手向上画个小圆弧再落下来即可。

6. 如果要裱完整的芍药，跳过第 5 步，直接往外裱盛开的花瓣。根据以上步骤裱好花苞后，裱花嘴在 3 点的位置对着基柱（不是贴着），垂直往上画弧裱一片花瓣，再把裱花嘴放平和裱花钉平行裱一片花瓣。这样出来的花瓣一片是直立的、一片往外倾斜一些，两片一组，一圈三组左右。根据想要的大小裱两三圈即可。
注意：裱垂直往上的花瓣左手不转动，平行往外拉的花瓣裱花钉要转动。

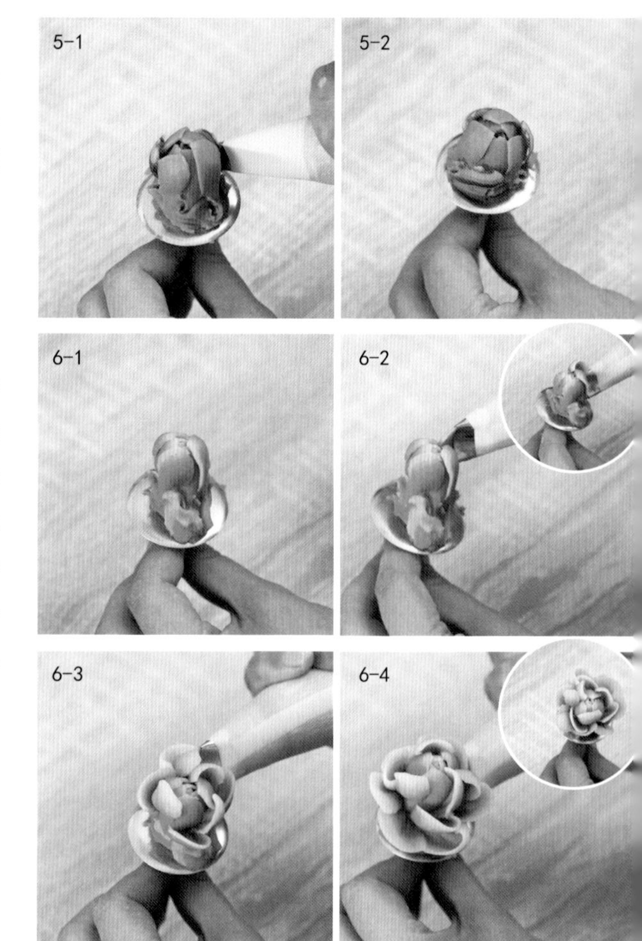

7. 用不同颜色、层次装袋，裱出不同颜色、层次的花和花苞。

双层雏菊

裱花嘴： 103 号、23 号、4 号

调色：

1.103 号花嘴装白色豆沙。

2. 橙色加棕色调出装入 23 号花嘴。

3. 抹茶绿调出装入 4 号花嘴。

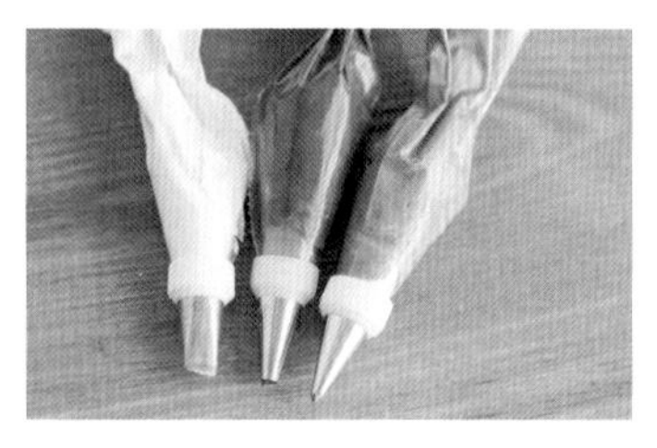

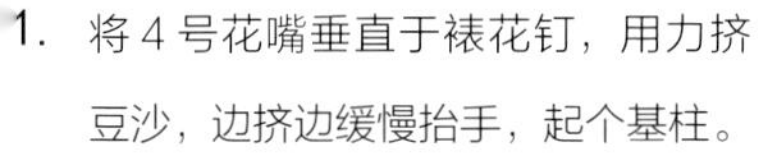

1. 将 4 号花嘴垂直于裱花钉，用力挤豆沙，边挤边缓慢抬手，起个基柱。

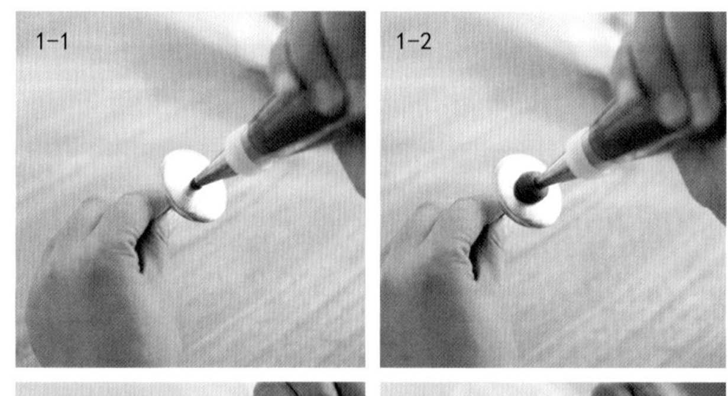

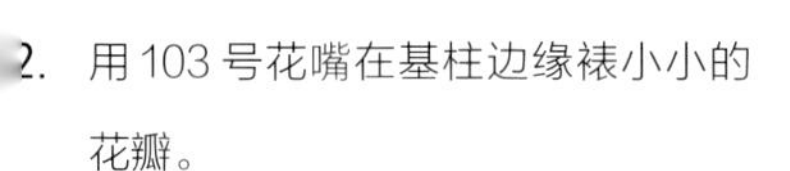

2. 用 103 号花嘴在基柱边缘裱小小的花瓣。

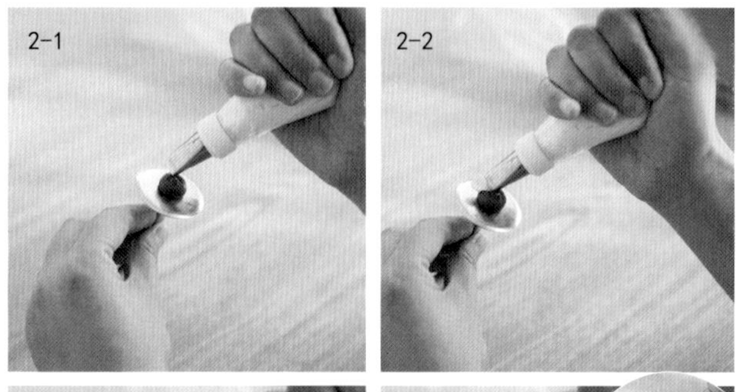

3. 转动裱花钉，接着裱另一片，花瓣之间不重叠，一圈裱 7 片。

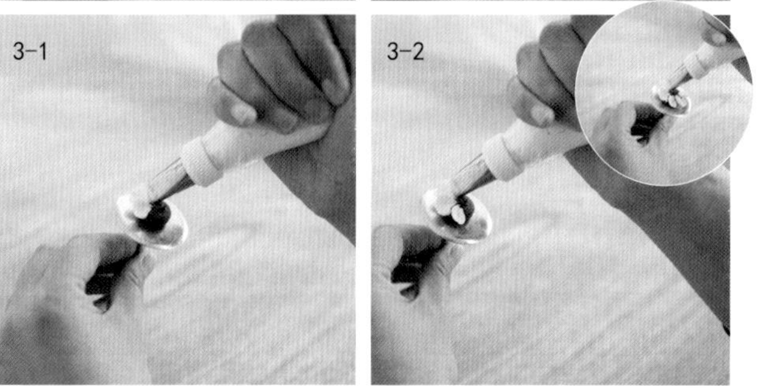

4. 裱完一圈后，中间是留空的，露出绿色。
5. 在第一圈同样的位置，裱第二层。每片与第一层的位置和大小完全相同。

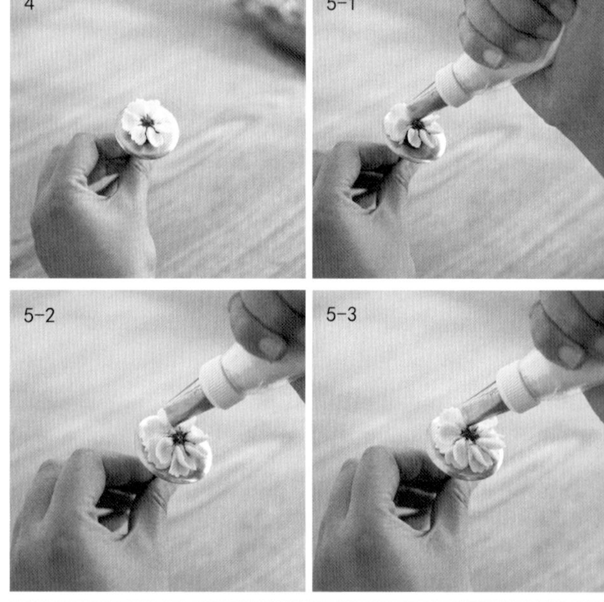

6. 用 23 号花嘴在花瓣的根部点花心，要留出中央绿色的空间。

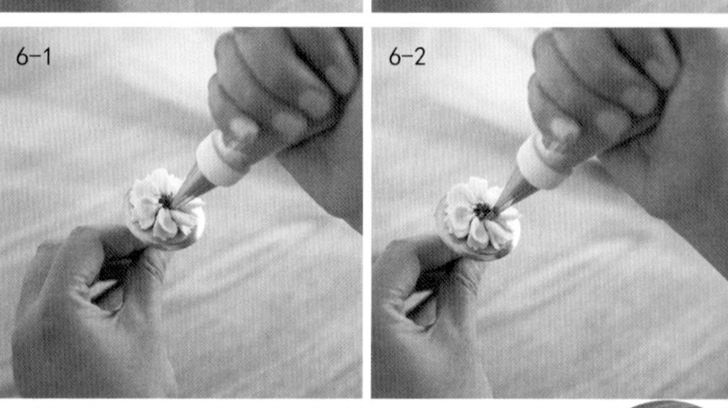

7. 完成的样子（这样子的小配花用于组装时可以多裱几个）。

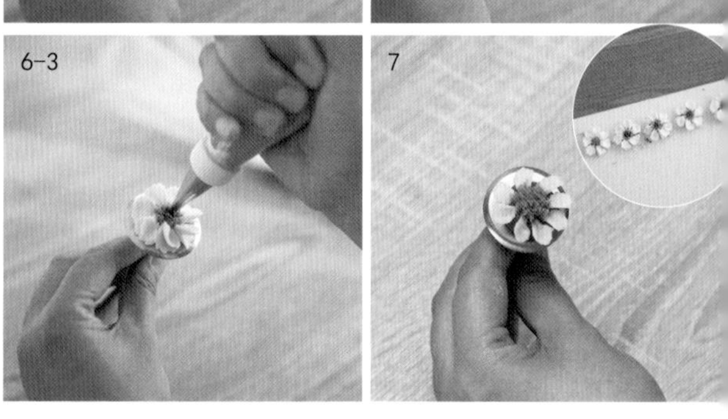

相对式组装

准备材料：

裱好的芍药、双层雏菊、花苞、小玫瑰、叶片以及抹好面的蛋糕或米糕。

相对式组装，可以使表面看起来错落有致、主次分别，画面更丰富。摆放的时候不要完全用相同大小的花朵，每朵花的颜色、层次也最好有所区别。颜色上尽量使用渐变或混色方法，主花型即使是同一色系，也要有过渡区分，这样视觉层次感才会更丰富。

1. 准备好蛋糕或米糕抹好面。
2. 在其中一侧的边缘上挤一点豆沙作为支撑黏合。放上一朵小一点的芍药。
3. 沿着边缘依次放花，大一点的花要支撑得高一些，小一点的花苞要低一点，大小要错落开。

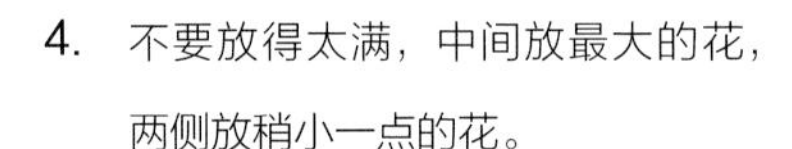

4. 不要放得太满，中间放最大的花，两侧放稍小一点的花。

5. 一侧的摆放形状大概出来后，可以把对面的花朵摆上，对面花的高度不要高于原先一侧的高度，花的数量也要少一点，分清主次。

6. 装小花苞的时候，可以把底部多余的豆沙切掉，底部用手搓一下，这样花苞会比较干净。

7. 装上双层雏菊，靠近花的位置可以切掉一点，放半个小雏菊在其他花的下面。

8. 补充细节部分，装上叶子和枝条等进行装饰，看起来就会丰富很多。

9. 进行细节的调整，可以用花嘴在枝条上挤一些叶片，蛋糕表面挤一些花瓣等。

10. 完成的样子。

毛茛花环

第 108 页

第 109 页

第 111 页

第 115 页

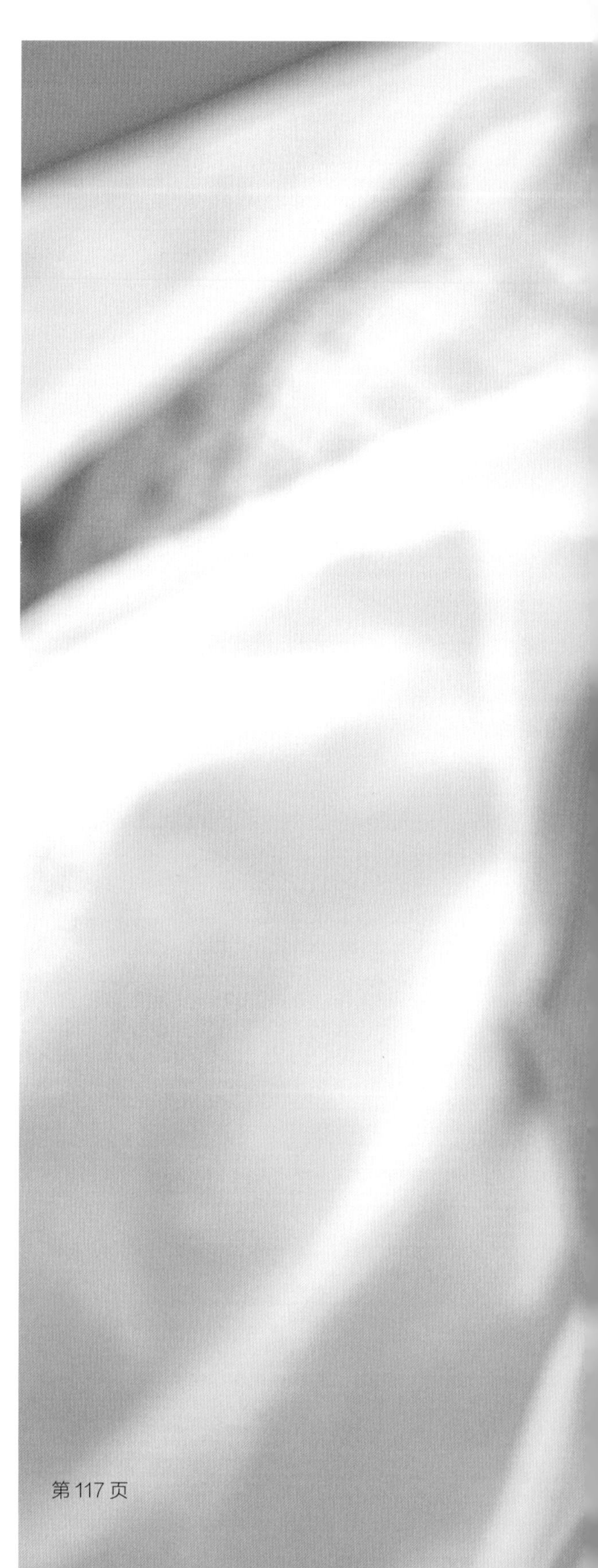

第 117 页

花苞

裱花嘴：121 号夹薄

裱花钉：6 号

调色：用混色装袋方法，先将棕色装入袋中再挤出，裱花袋边缘沾上棕色，中间放入淡绿色。

调色示意图

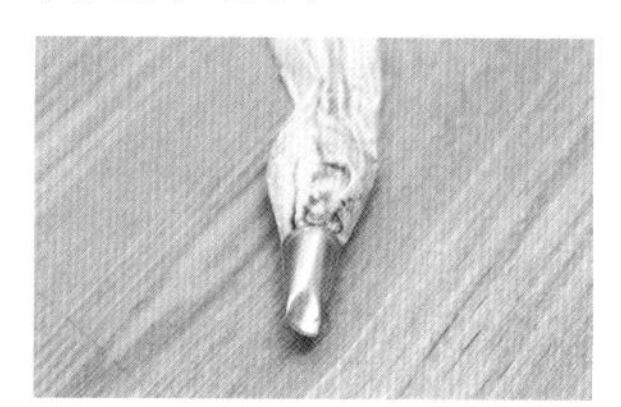

1. 用裱花转换器垂直地起一个细长的基柱。
2. 可以将裱花钉对着自己，右手拿裱花嘴贴着基柱，裱花嘴上沿对着中心点，右手一边用力一边上下抖动，左手匀速地转动一圈。
3. 裱花嘴在裱花钉 3 点位置，从基柱下方起步，裱花嘴垂直地一边抖动一边向上移，左手微转动，转到顶部时裱花嘴往 10 点方向倾斜。再回到 12 点垂直裱下来呈"n"形。从侧面看花瓣的纵深应裱出来。
4. 一圈裱 3 片，不重叠，如果是要小一点的花苞，这样就可以了。
5. 可以在外边再裱一两圈，每圈 3 片，在前一层两片之间裱，花瓣不打开，要贴包在基柱上，花瓣中间不重叠。
6. 使用的时候，把底部搓圆。

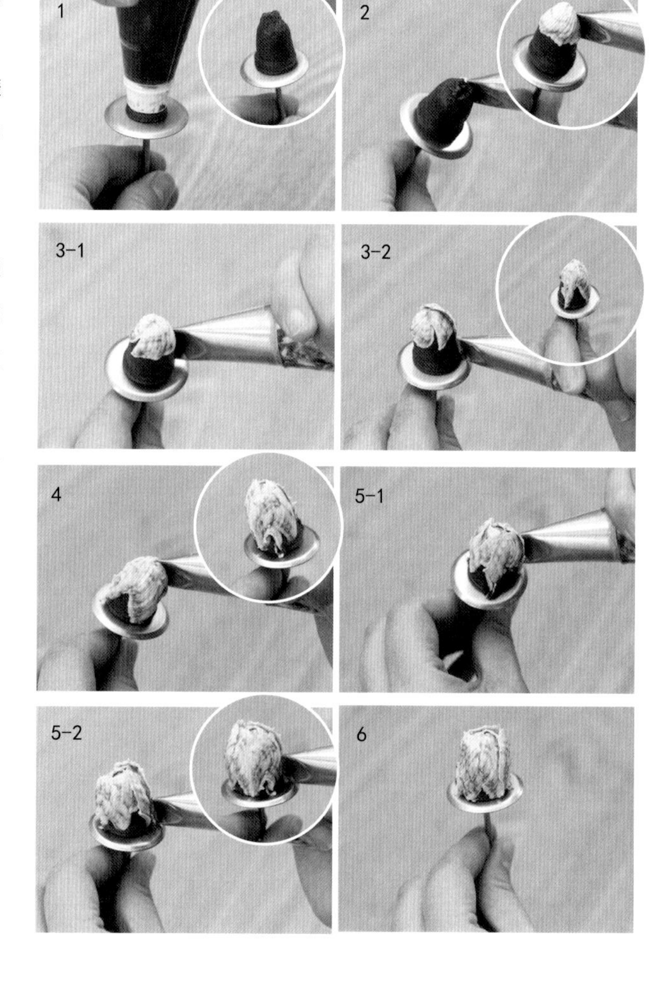

毛边弗朗

裱花嘴：227 号、23 号

裱花钉：6 号

调色：

1. 基柱用深棕色，装入转换器即可。
2. 深棕色调淡，装入 23 号花嘴内。
3. 白色豆沙挑一点棕色调成淡色，装入 227 号花嘴中。

调色示意图

视频二维码

1. 垂直起一个基柱，基柱矮矮的，表面是平的，大小比6号裱花钉小一圈。
2. 用227号裱花嘴，在3点位置，从基柱的下面往外拔叶片，227号裱花嘴中间有间隔，每次裱出的是两片。从下面先裱一圈，裱花嘴要转动方向往外拔，不要是同样的方向，这样叶片做出来会更自然些。开始要多用力，使底部厚实些，花朵才不会耷拉下来。

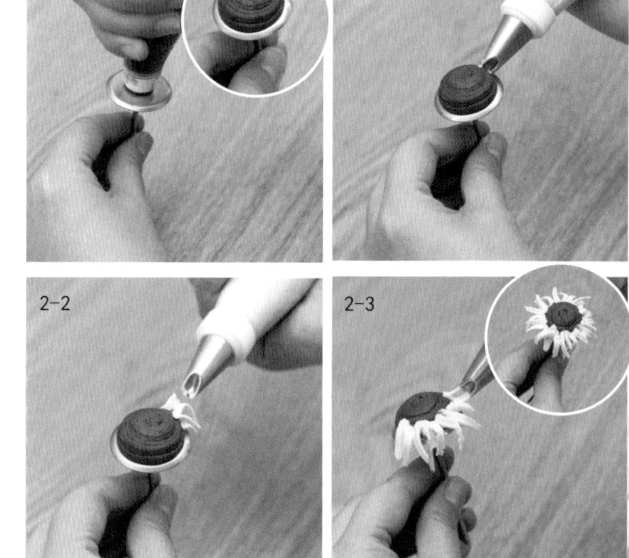

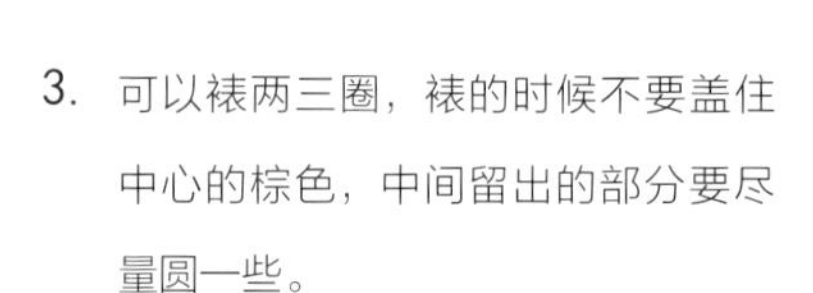
3. 可以裱两三圈，裱的时候不要盖住中心的棕色，中间留出的部分要尽量圆一些。

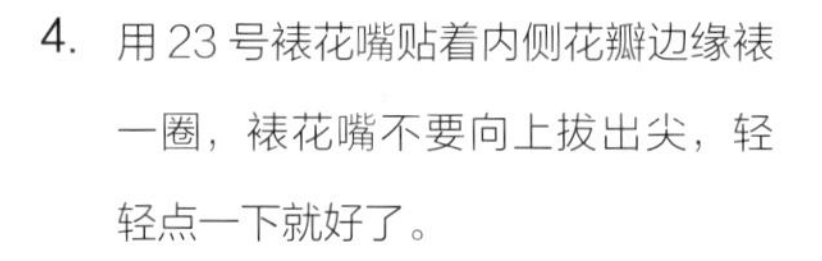
4. 用23号裱花嘴贴着内侧花瓣边缘裱一圈，裱花嘴不要向上拔出尖，轻轻点一下就好了。

毛茛

裱花嘴：Wilton 97

裱花钉：7号

调色：

1. 紫红色调淡混色装袋。
2. 绿色加黄色调淡装袋。

视频二维码

1. 用转换器直接在裱花钉中心点裱个小一点的基柱。

2. 将绿色的豆沙袋子装入 Wilton 97 裱花嘴，从中心点起步，右手逆时针、左手顺时针转裱花钉，转一圈半裱出花心。

3. 取下裱花嘴，装到紫色豆沙的袋子里。

4. 裱花嘴从 6 点位置起步，从逆时针方向裱里层的花瓣，裱花嘴垂直上下，幅度小一点，紧贴着花心裱一圈花瓣，裱四五片，每片之间重叠的部分要大一些。

5. 第二层和第一层一样，花瓣要稍高于第一层。

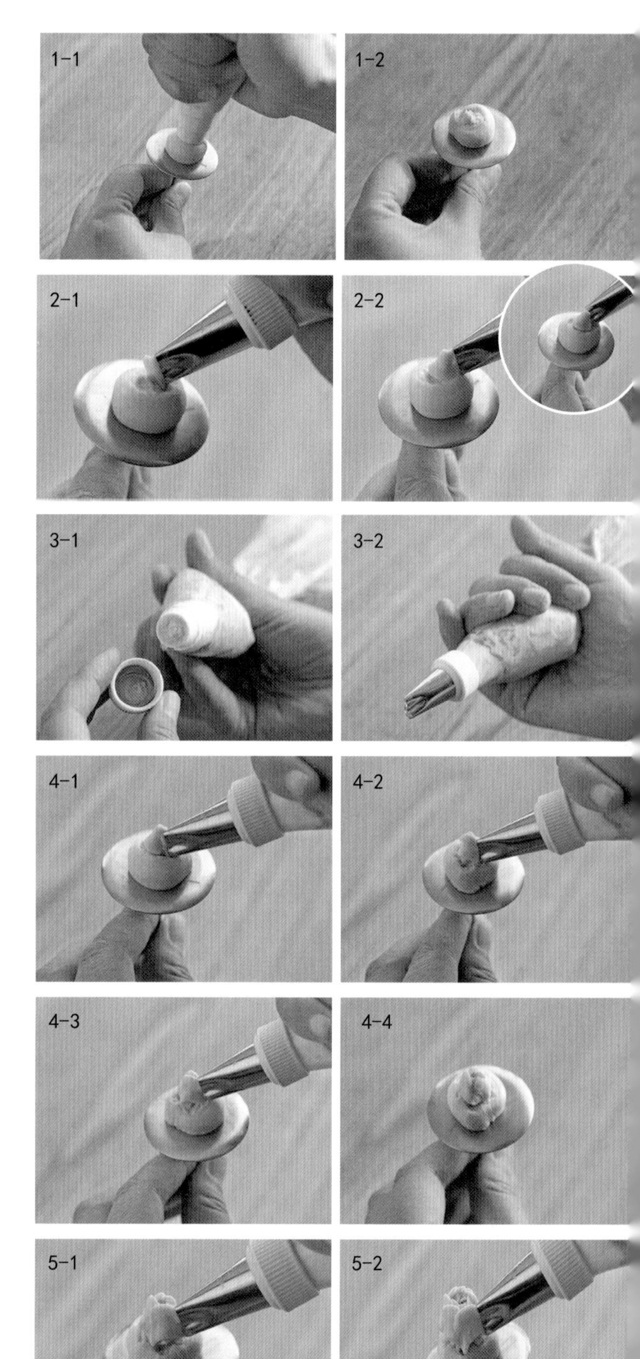

6. 补一下基柱，这时裱花嘴里剩下的绿色豆沙也裱完了，不用换裱花嘴继续裱，可以裱出淡紫色的花瓣。
7. 从同样的位置起步，接着裱花瓣，这个时候的花瓣要裱得长一点，比前一层稍高一些，手部用力要均匀才能保证每一片花瓣干净圆润。

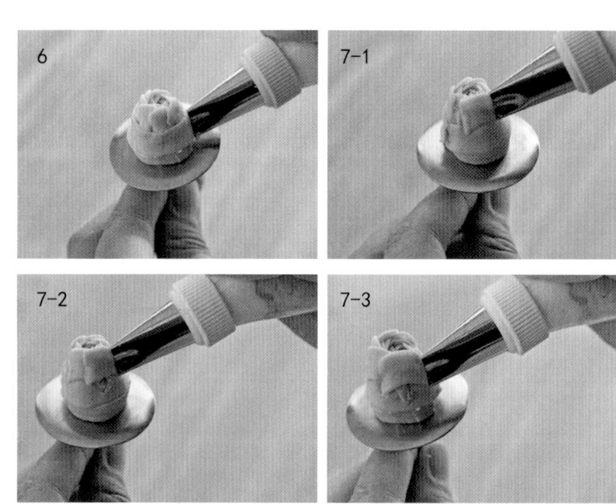

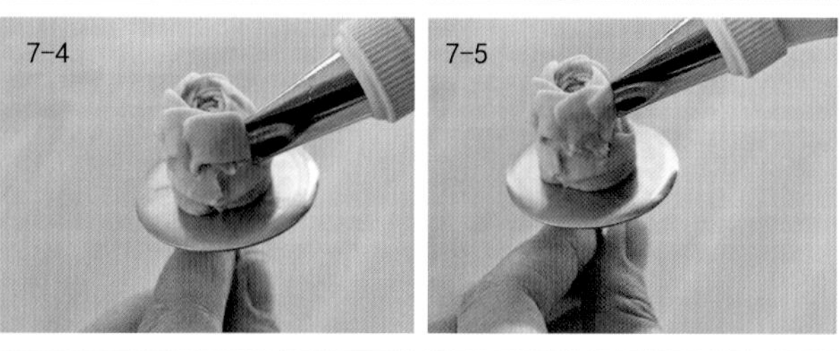

8. 接着往下裱，一圈比一圈高，花瓣的长度一圈比一圈长。

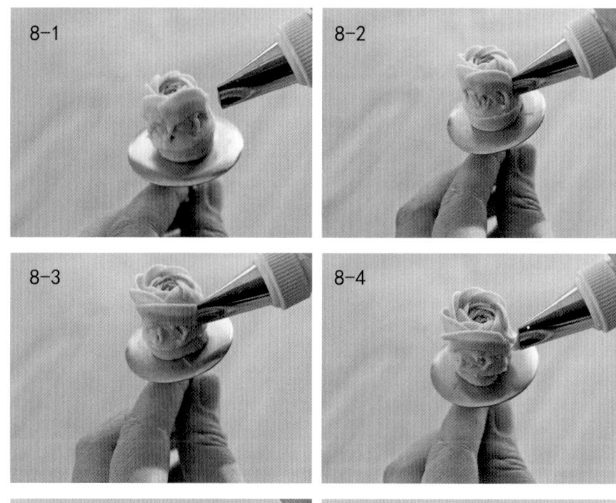

9. 里层红色裱三圈左右就可以了，裱花钉动作是和右手同步的。裱一片花往回转一下，再裱另一片。

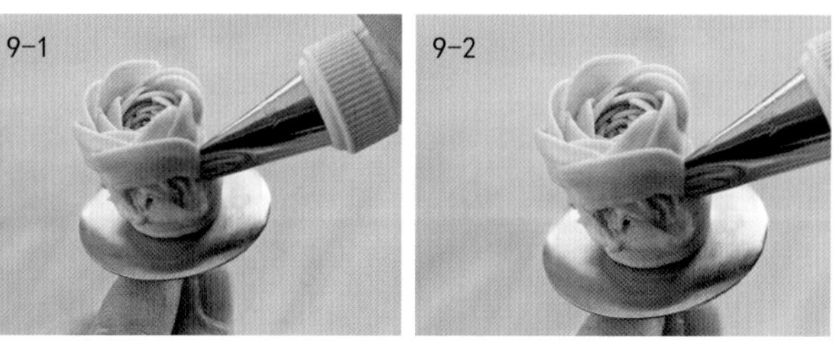

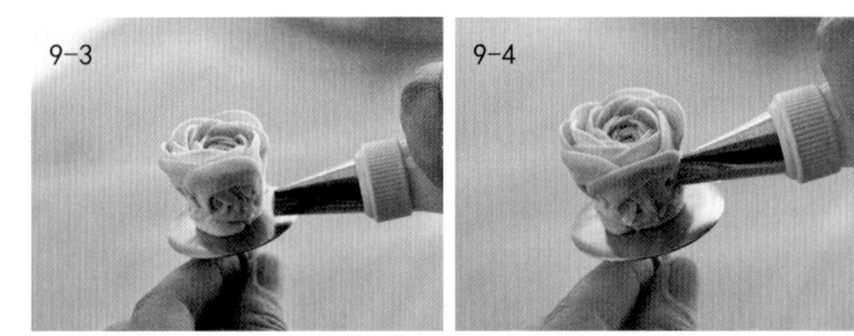
9-3 9-4

10. 这样的大小可以取下来直接用，也可以接着裱外层开放的花瓣。

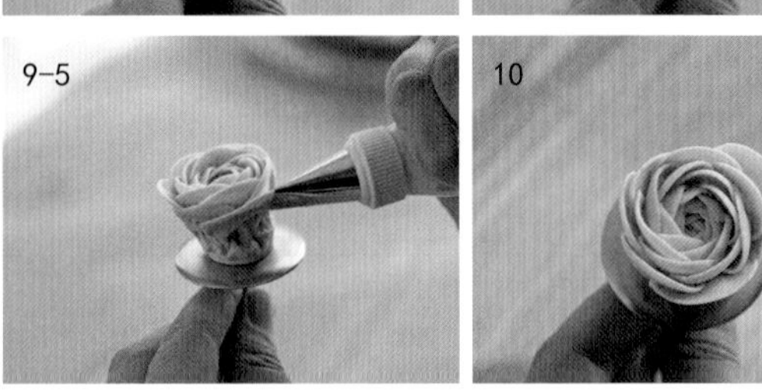
9-5 10

11. 底部的基部要补一下，然后将裱花嘴打开一点，往斜下方拉花瓣。从顶部外层拉到底部，同样的位置裱三片。

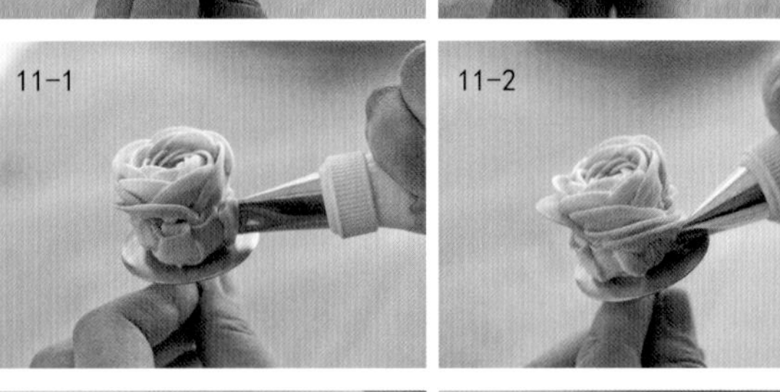
11-1 11-2

12. 转动裱花钉裱另一组，一圈共裱三组。每组三片，中间留空。

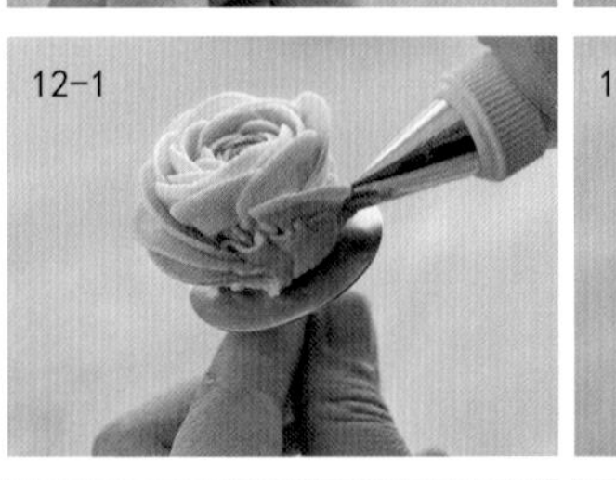
12-1 12-2

13. 每组中间的位置补一点豆沙，裱两三片小一点的花瓣来补空，可以整体观察一下，觉得特别空的地方就补小花瓣。

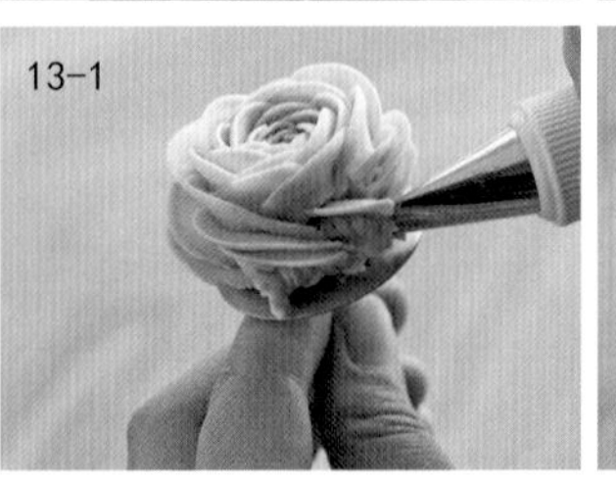
13-1

13-2

14. 完成的样子。

14

洋蓟

裱花嘴： 80号
裱花钉： 6号
调色： 用混色装袋方法裱花袋里先装紫色再挤出，中间装绿色。

1. 用转换器起一个细细长长的基柱。
2. 从顶部开始，裱花嘴从3点位置起步，按垂直的方向，原地挤出后裱花嘴往下收，左手可以不转动，裱完一片再转动裱另一片，第一圈裱三片，顶部要靠在一起。
3. 将裱花嘴放在低一点的位置裱下一圈，一片接一片裱，一层比一层低，往下收的时候尽量收长一些。

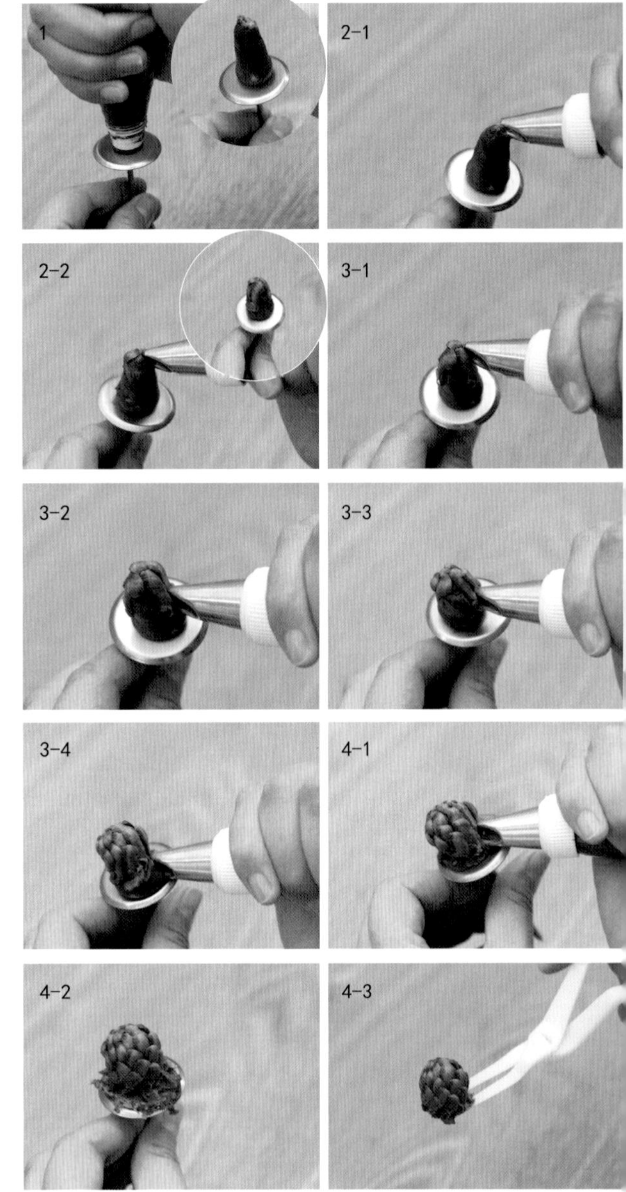

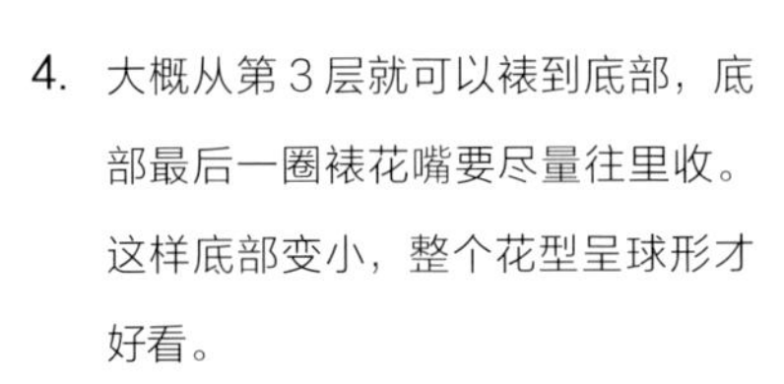

4. 大概从第3层就可以裱到底部，底部最后一圈裱花嘴要尽量往里收。这样底部变小，整个花型呈球形才好看。

组装

裱花嘴：Wilton 349 花嘴、3号裱花嘴

准备材料：做好的蛋糕、毛边弗朗、毛茛、小花苞、叶子。

1. 准备好蛋糕，圆形或多边形都可以，并抹好面。
2. 靠近边缘挤一点豆沙，黏合花朵，可以先放小一点的花朵，花的边缘要超出蛋糕边缘一些，相邻的花朵花心朝向要有所区别。
3. 挤一点豆沙，稍高一点的位置放一朵毛边弗朗。
4. 在小花的旁边放一朵稍大的毛茛，要避免花心直冲上，可以在后边垫一些豆沙。
5. 另一朵毛边弗朗放在靠近里面的位置，靠近边缘的地方可以摆放小花苞。
6. 沿着蛋糕边缘放花朵，花心朝向不同的方向，不要靠得太密，中间留空。

7. 在花朵比较密集的一侧高一点的位置，放一朵大一点的毛茛。

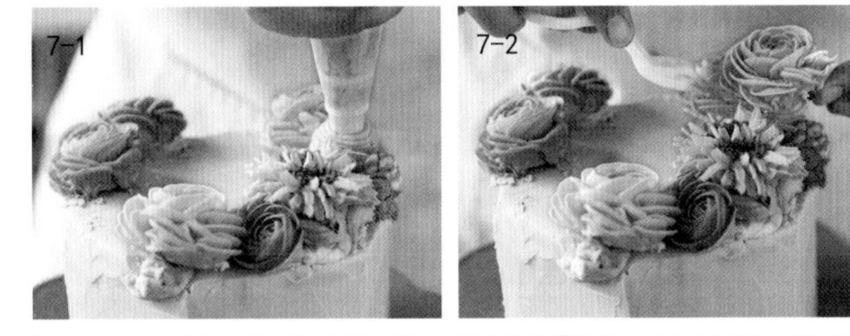

8. 用小一点的花朵或花苞进行填空。小花苞不要太散落，几颗放在一起比较好看。

9. 用叶子进行装饰。

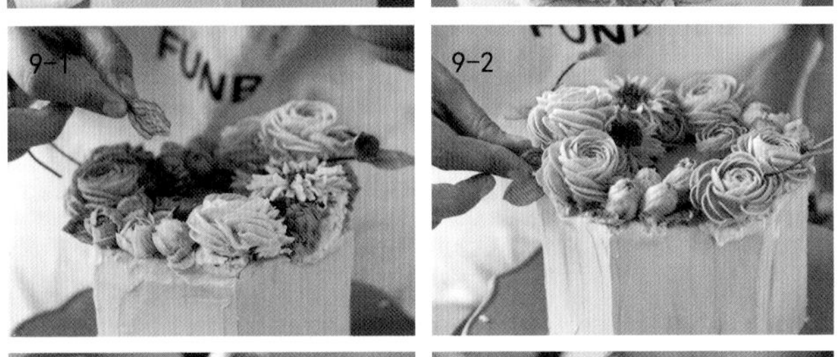

10. 用 Wilton 349 花嘴往下拉枝条，裱一些小叶片，枝条上用 3 号裱花嘴点一些小果子做装饰。

11. 完成的样子。

森系花环

第 122 页

第 123 页

第 124 页

第 125 页

第 131 页

第 127 页

第 130 页

覆盆子

裱花嘴： 圆孔 3 号或 4 号（3 号小一些，4 号做得大一些）

裱花钉： 6 号

调色： 红色加一点紫色或黑色，如果用果蔬粉，可以用较多的甜菜粉加一点点青栀子粉。

调色示意图

1. 用小号转换器直接裱一个高 3 厘米左右的小基柱，将头部压平不要太尖。
2. 用圆孔裱花嘴 3 号或 4 号，从基柱顶部开始裱，不是直接拔小豆豆。裱花嘴起步后往上拉起再落下，走“n”形路线。收尾在下部，这样露出的表面会很光滑。
3. 顶部裱一圈，中间要留一点空间，如果觉得中间留的洞不够明显不够深，可以裱一圈后，在上面再裱一圈。
4. 接着往下裱，下一层可以在上一层两颗之间裱，一圈比一圈大。如果基柱本身不是“A”形，裱花嘴在走“n”形的时候，可以拉长一些再落下来。左手的裱花钉可以前后左右倾斜，方便右手的动作操作。
5. 最后两圈要慢慢往里收，每一颗短一些，一圈比一圈小，花形呈偏鼓状。

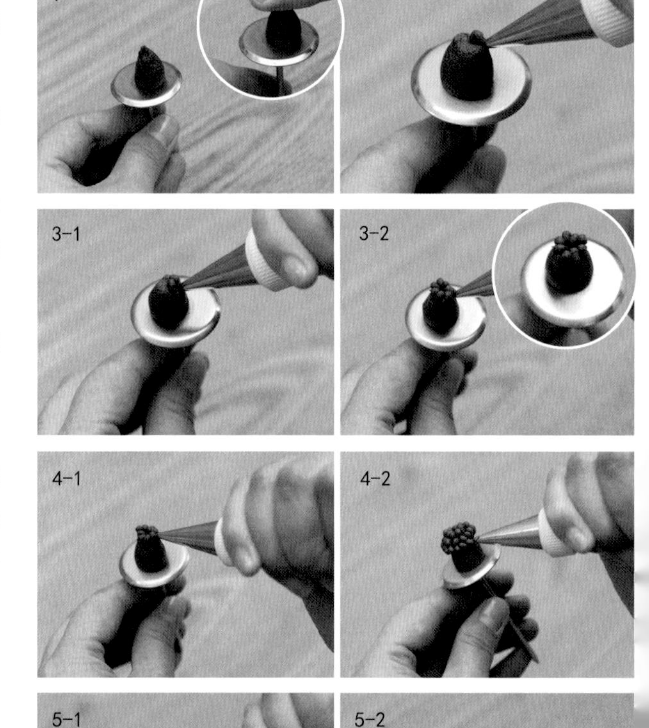

蓝莓

裱花嘴：圆孔9号
裱花钉：13号
调色：紫色加蓝色，加一点黑色。

调色示意图

视频二维码

1. 裱花嘴垂直于裱花钉，直接往上提起，裱一个大些的圆点。用牙签在顶部中间位置按十字形往四边挑一下即可。

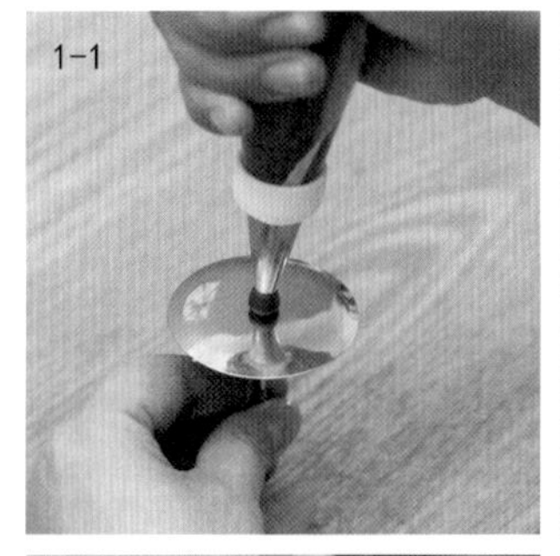

1-1

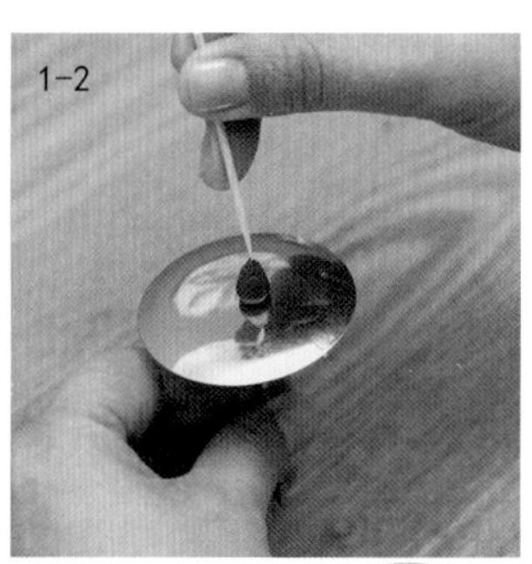

1-2

2. 可以在一个比较大的裱花钉上，一次性裱多个。先拔出圆点，再依次挑出顶部十字。

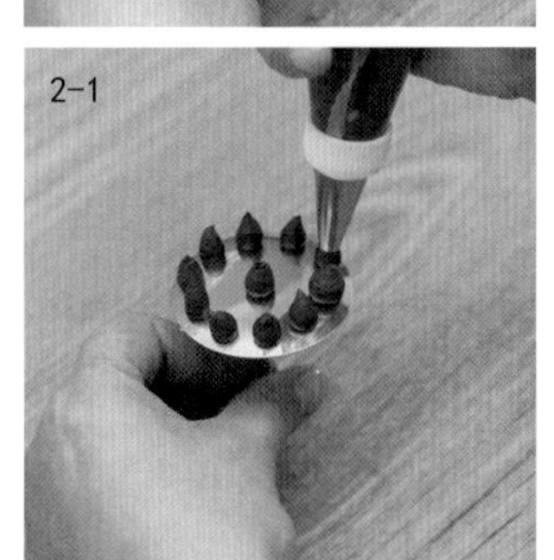

2-1

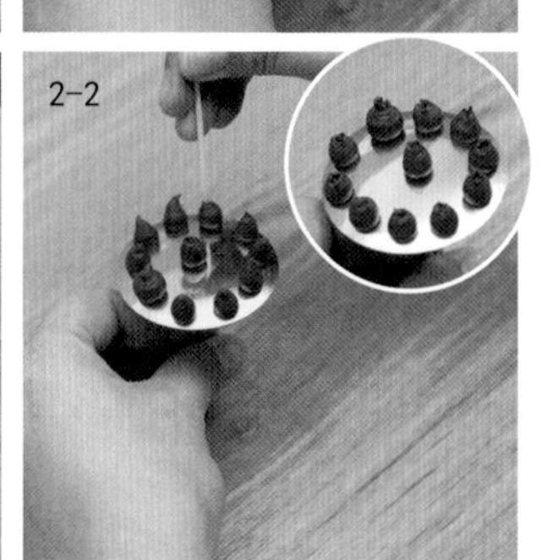

2-2

3. 也可以直接挤在一起，直接在蛋糕上操作即可，先挤出一堆圆，再挑出十字顶。

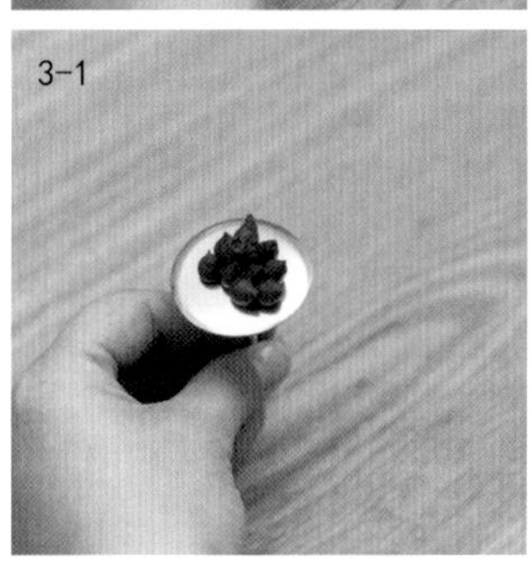

3-1

3-2

棉花

裱花嘴：大圆孔 2A、Wilton 349

裱花钉：6 号

调色：大圆孔的裱花嘴装白色豆沙，可以将豆沙加一点白色素，349 号裱花嘴装棕色豆沙。

调色示意图

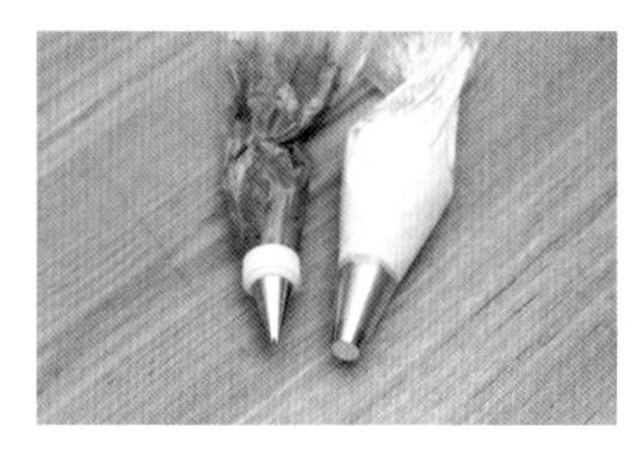

视频二维码

1. 大圆孔裱花嘴对准裱花钉的边缘，用力边抬高边挤出，抬高后，裱花嘴落到侧面收力，收力时不要放在顶部，这样可以让顶部看起来更圆滑。
2. 在第一瓣旁边紧挨着裱第二瓣，一共 5 瓣，挤的时候用力些。抬高的时候力度要均匀，以免出现横纹不够光滑的情况。每一瓣都要饱满，尽量不要与前一瓣留空，要有挤压感。

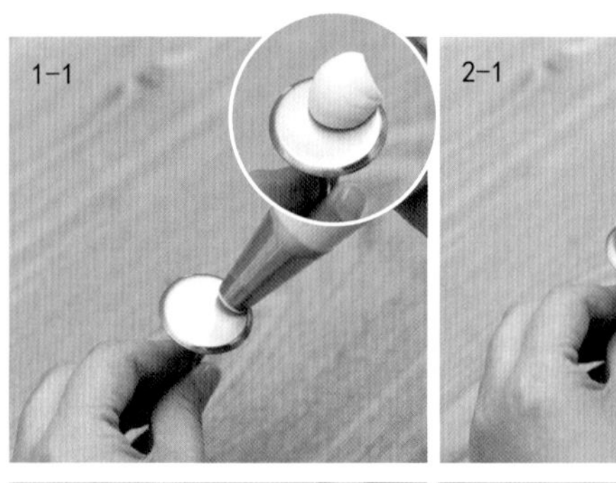

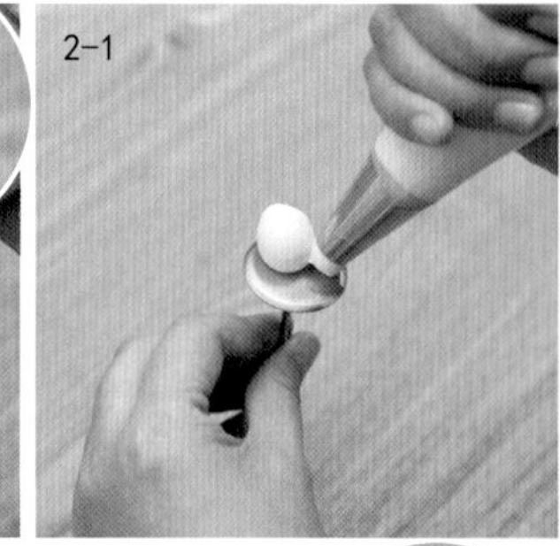

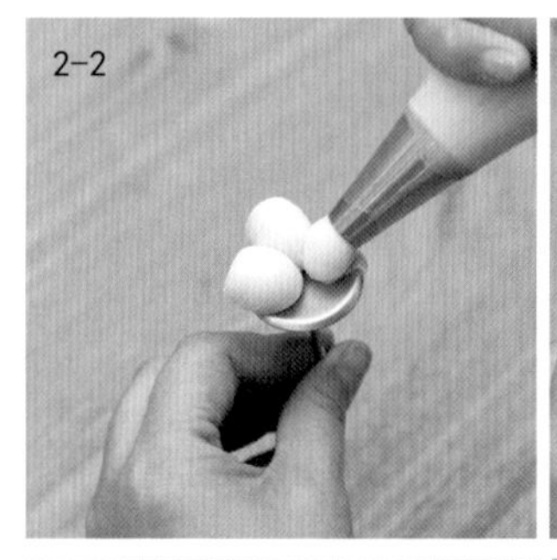

3. 用 Wilton 349 裱花嘴从两瓣中间由外往内拉细枝条，一共 5 根。

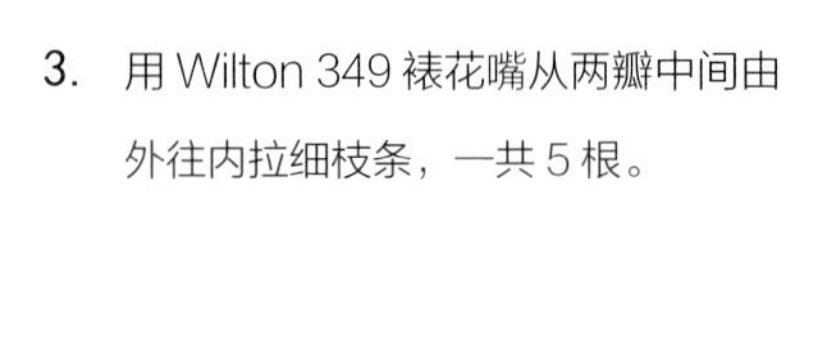

圣诞玫瑰

裱花嘴：125K(A)、Wilton 349(B)、1 号 (C)

裱花钉：7 号

调 色：125K 和 349 号裱花嘴都装入深红色，中间可以用橙色、棕色或者紫色等，用 1 号裱花嘴裱小花心。

视频二维码

调色示意图

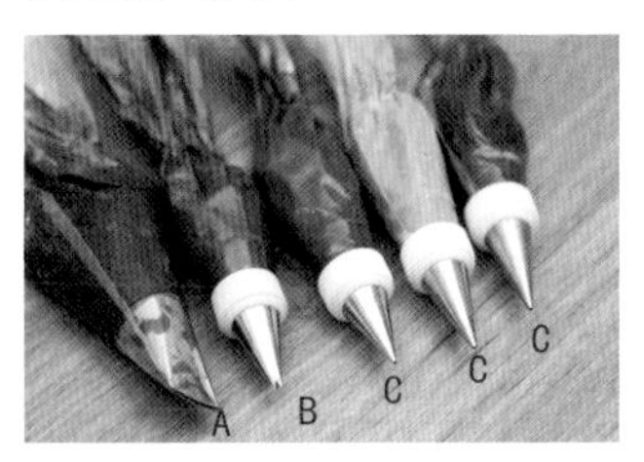

1. 用裱花嘴打一个平顶的基柱，其大小比 7 号裱花钉小一圈。

2. 用 125K 裱花嘴，从基柱的边缘起步裱花瓣，花瓣底部边缘呈三角形路径，一共裱三片，每片之间不重叠。

3. 从第一层花瓣的中间裱第二层，花瓣稍小一点，也是呈三角形裱制，花瓣中间不重叠。

4. 用 Wilton 349 裱花嘴在中心位置裱一圈小花瓣。

5. 中间用 1 号裱花嘴点上花心，可以用两三种颜色夹杂开，先点一个颜色，再点另外的颜色。不用太规律，边缘挤一点或散一点会比较自然。

松果

裱花嘴：59号

调色：用棕色色素或用可可粉调色。

调色示意图

视频二维码

松果 1：未开放松果

1. 用转换器直接起一个基柱，应笔直且长些。
2. 花嘴在 3 点位置，贴着基柱，往上拔花瓣，左手裱花钉微转，右手收力时往上拔。还在 3 点位置，花瓣拔出尖角，一圈一圈转起来，花瓣之间不重叠。

3. 一层一层低下来，花嘴不打开，顺直地裱下来。

4. 四五层即可，尽量把花朵裱圆。

松果 2：开放松果

1. 垂直起一个基柱。
2. 围着基柱顶，先在上面裱一圈叶片，3 片即可。
3. 花嘴放平，往外向 3 点方向拔叶片，起步时右手多用力，使底部更稳固些。一层一层地拔花瓣，越往下花瓣越长。

4. 花嘴从上一层中间起步，叶瓣间隔开，裱到基柱底部，最下面的叶片最长。

小配花

裱花嘴：81号(A)、1号(B)

调色：81号装入白色，1号装入橙色。

调色示意图

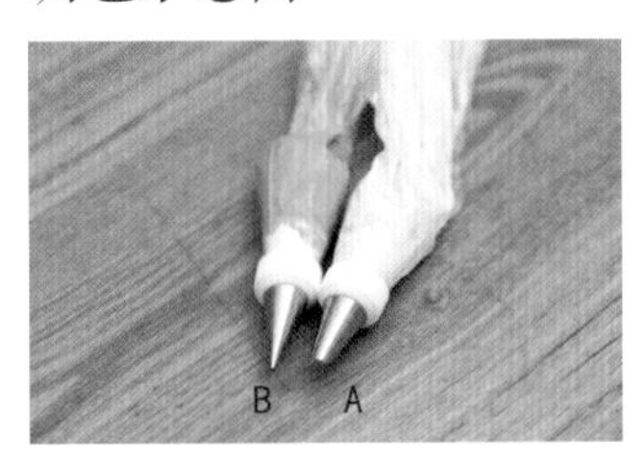

1. 用1号花嘴画圈裱个底座，收的时候拉长，拉出一根细蕊。

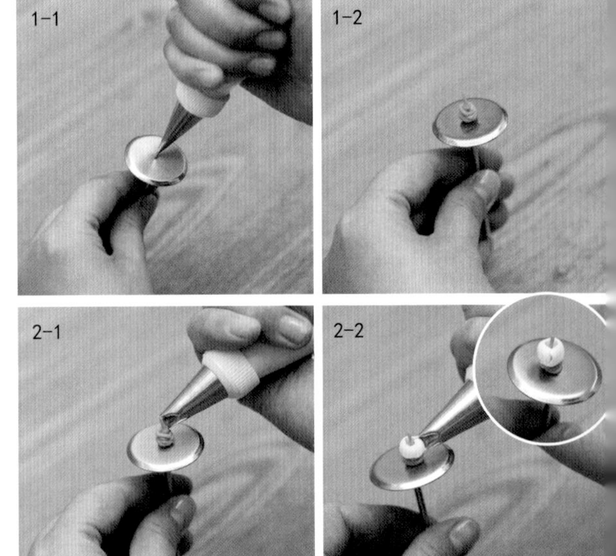

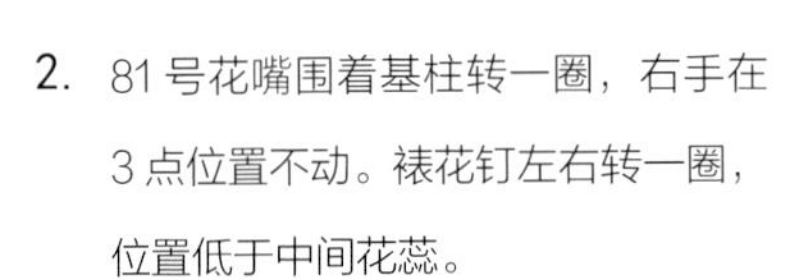

2. 81号花嘴围着基柱转一圈，右手在3点位置不动。裱花钉左右转一圈，位置低于中间花蕊。

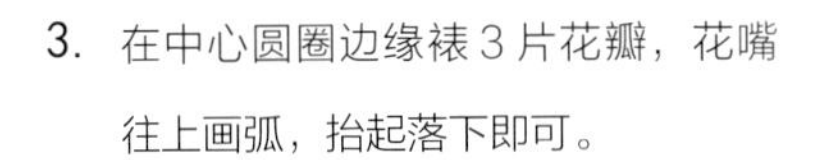

3. 在中心圆圈边缘裱3片花瓣，花嘴往上画弧，抬起落下即可。

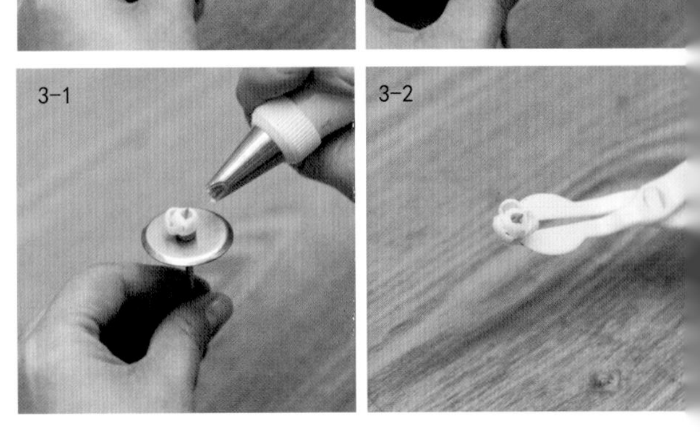

组装

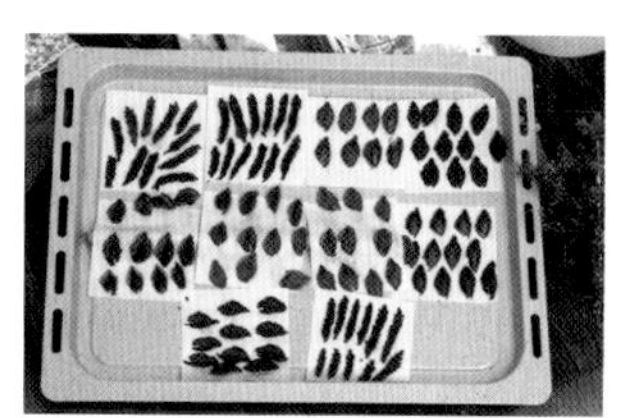

准备材料：

提前准备好需要的圣诞花、松果、棉花、覆盆子、蓝莓、配花、叶子若干。

1. 蛋糕抹完面后可以晕染个棕色。
2. 用 3 号裱花嘴以棕色围着蛋糕边缘挤枝条，挤的时候裱花嘴可以呈波浪形晃动，反复几层后挤成花环状。
3. 用 1 号裱花嘴裱出几个枝条，向中间伸出，也可以横向裱几条，在装花时可以空出，枝条不显得单调。
4. 将 101 号裱花嘴粗口向上，在枝条两边裱小叶片，左右各一片，夹角成 45° 角。

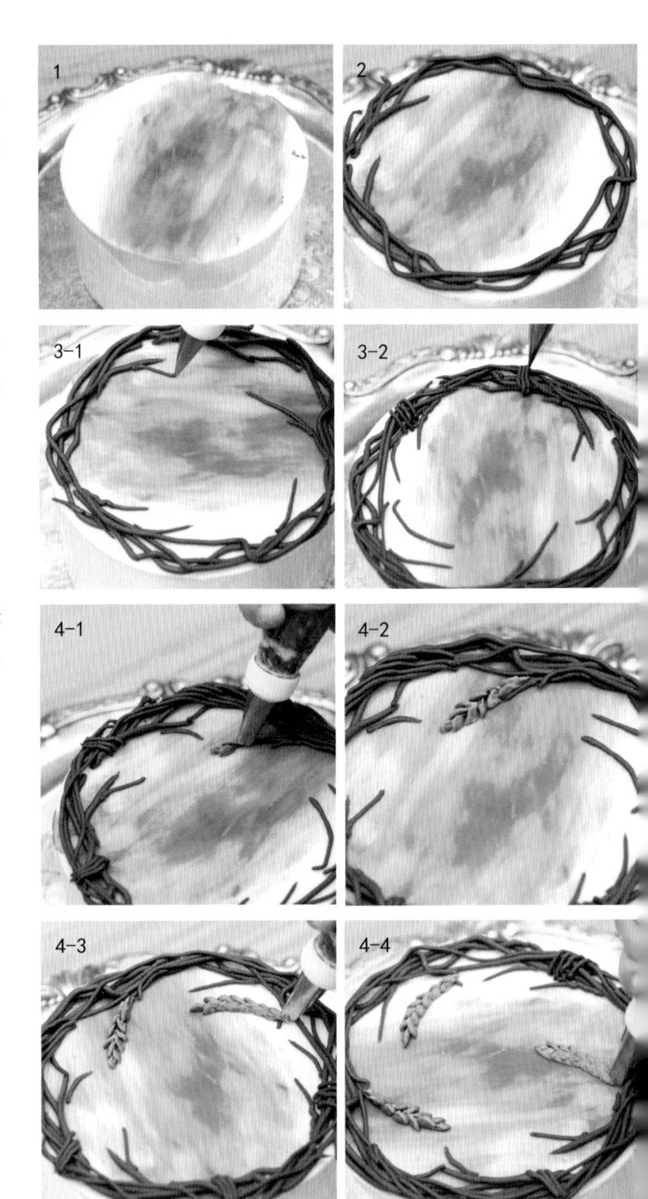

5. 也可以用 1 号花嘴装入绿色豆沙，往外密集拔枝条，都可作为装饰。

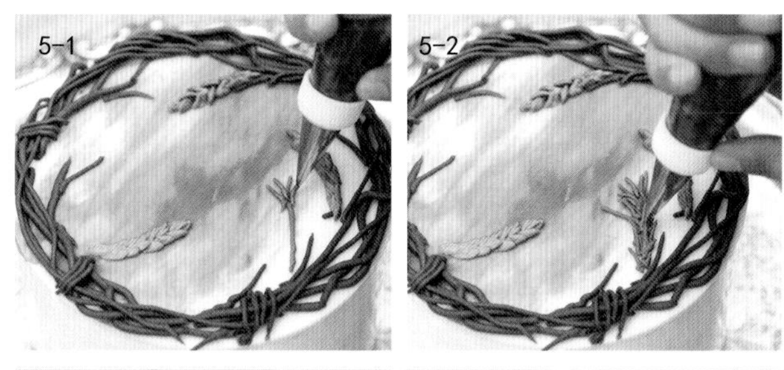

6. 选好主花的位置，放上两朵圣诞玫瑰。

7. 依次放上松果和覆盆子。

8. 在花环上挤一些豆沙垫高，将小配花装上。

9. 如果事先挤的花朵太高，可以将底部豆沙切掉一些，再放上蛋糕。

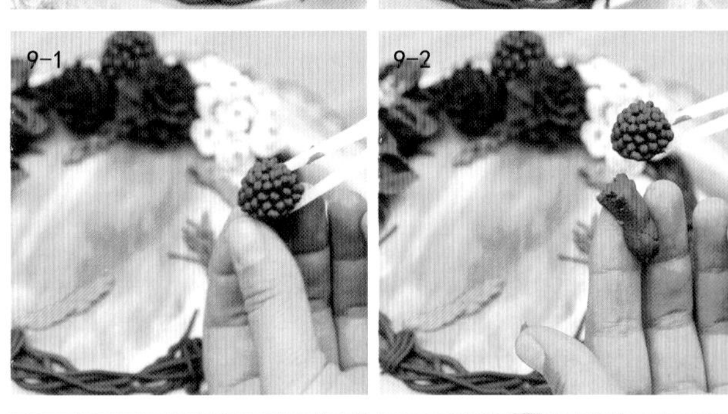

10. 依次用准备好的花把花环装满。

11. 可以直接在蛋糕上裱蓝莓，先挤上圆点，再用牙签挑开。

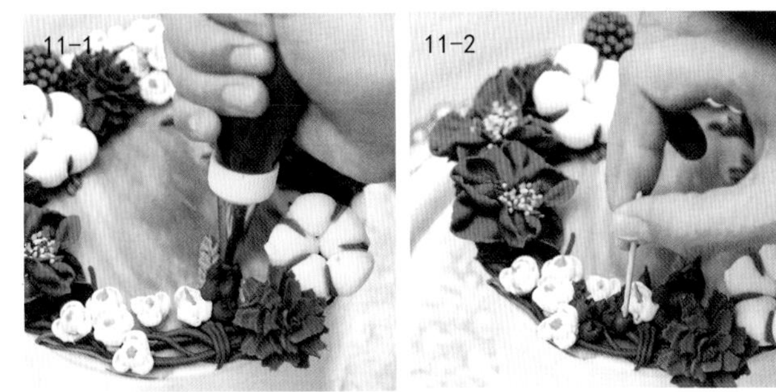

12. 得空的地方可以裱一些枝条，也可以把事先准备好的叶子和枝条插在花朵中间。

绣球与雏菊

两种花型都可以作为装饰蛋糕的配花使用，小清新风格。虽然都是小花也是常用的花型，但两种花型的做法不同，各有代表性。

绣球

花瓣数：4 片
花瓣特点：偏菱形，有尖角
裱制手法：左手不转动，花嘴微悬空推出花瓣，花瓣外缘就是花嘴的形状，右手方向不变，往下用力点到基柱，切断花瓣后收力。

雏菊

花瓣数：根据大小不同，可做 6~11 片
花瓣特点：水滴形，外缘是弧线，下面尖
裱制手法：左手要转动，花嘴抵住基柱不动，随着左手转动在外缘处用力，裱出弧形花瓣后收力。

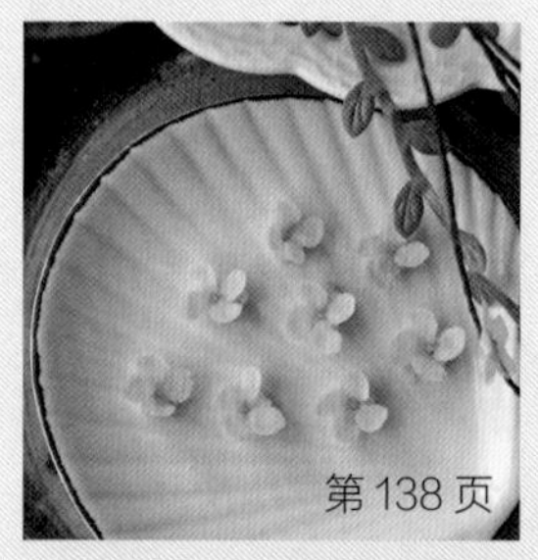
第 138 页

第 140 页

第 142 页

绣 球

裱花嘴： 定制 10 毫米夹薄（或 Wilton 102 夹薄）、1 号
裱花钉： 6 号
调色： 绣球一般是配花，颜色以浅色、淡色为主。

视频二维码

1. 将花嘴垂直于裱花钉，来回折叠三次左右做个小基柱。
2. 花嘴在基柱上面靠边缘的位置，直立朝着 11 点方向，可以微悬空，推出花瓣后立即下收，到基柱后往下点一下收力。

   要点：左手不转动，右手不画弧，没有多余的动作，花嘴轻轻靠在外缘或者是微微悬空，推出后即下收，花瓣会形成一个小尖角。花瓣是由花嘴尖口的位置推出自然形成，收的时候往下轻轻用力点一下切断花瓣。
3. 裱完一片后，裱花钉转动 90° 角，用同样的手法裱第二片，一共四片，中间不重叠，两边与另外两边相对。
4. 裱完之后，可以用裱花嘴从花瓣后面轻触进行整理，让有些花瓣更立体一点，然后取下放到晾花板上。
5. 在 1 号花嘴里装入黄色或者棕色，拧下转换头，换 1 号花嘴，每朵花中间点上花心。
6. 完成的样子。

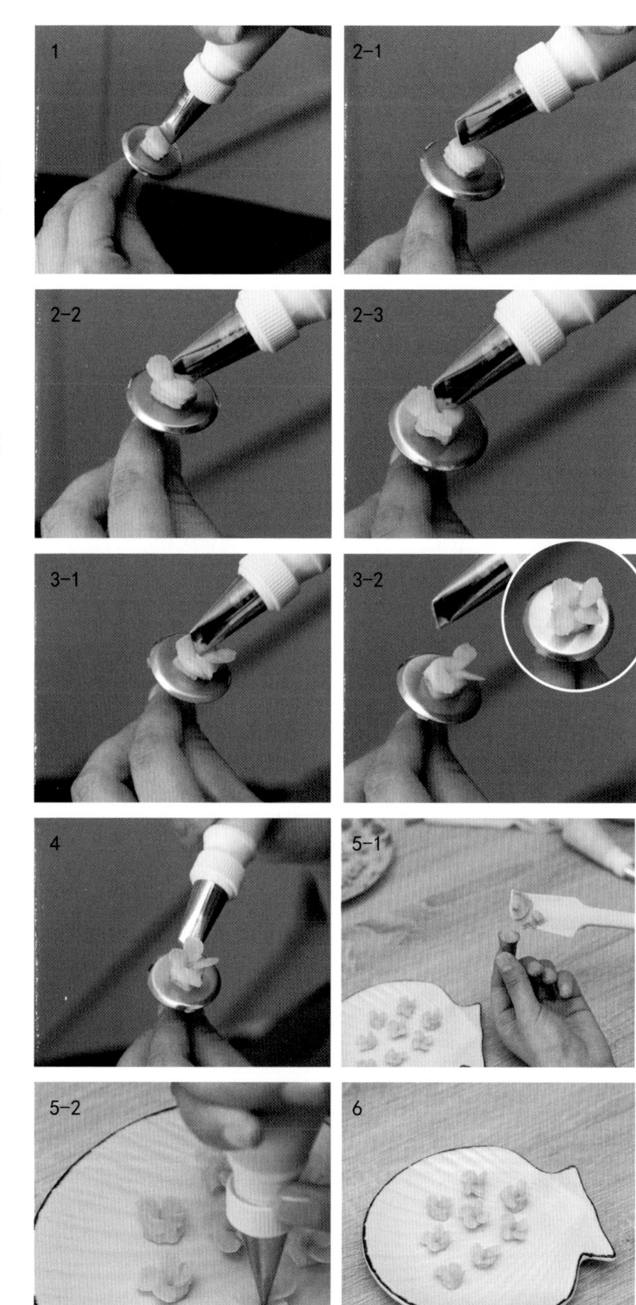

雏菊

裱花嘴： Wilton 103 夹薄、23 号
裱花钉： 6 号
调色：

1. 花瓣部分是白色，豆沙加白色素，装进 103 号花嘴。
2. 橙色加一点黑色调出棕黄色，和绿色混合装袋。
3. 用色素抹茶绿调出一个绿色，用于打基柱。

调色示意图

视频二维码

1. 用转换器垂直于 6 号裱花钉表面，用力挤出一个矮一点的基柱，不要使劲往上拔尖，顶部平一点（一定要用绿色打底，花瓣之间会留空，隐约看到绿色底会更自然）。
2. 花嘴靠近基柱的边缘，在裱花钉 12 点的位置，不要从中间起步，花嘴朝向 11 点方向，大头的部分抵住基柱不动，右手稍用力推出花瓣，左手轻轻转下裱花钉，右手轻点收至原处，裱出一片小花瓣。
3. 转动一下裱花钉，使花嘴起步同样在 12 点位置，用同样的手法裱下面的花瓣，每片花瓣中间有间隔，不要连得太紧密。裱花瓣时左手不要转动得太狠，花瓣小小的会更好看，裱一圈花，中间留空。裱好后，用花嘴轻触花瓣背面进行整形。
完成标准：花瓣不要太大，花瓣形状类似于水滴，上弧下尖，分布均匀，大小一致，花瓣之间留有空隙，中间留空。
4. 用 23 号花嘴点上花心，推出后不要拔起，轻点，先收力再抬起，裱得太尖的星形不好看。中间的形状是一个凸出的小圆苞，尽量裱圆。
5. 裱好小圆苞之后，继续用花嘴在花心周围轻轻点几下，花瓣上触碰到黄色就可以，不要裱出完整的星形。随机点几个花瓣，这样看起来会更自然不死板。
6. 完成的样子。

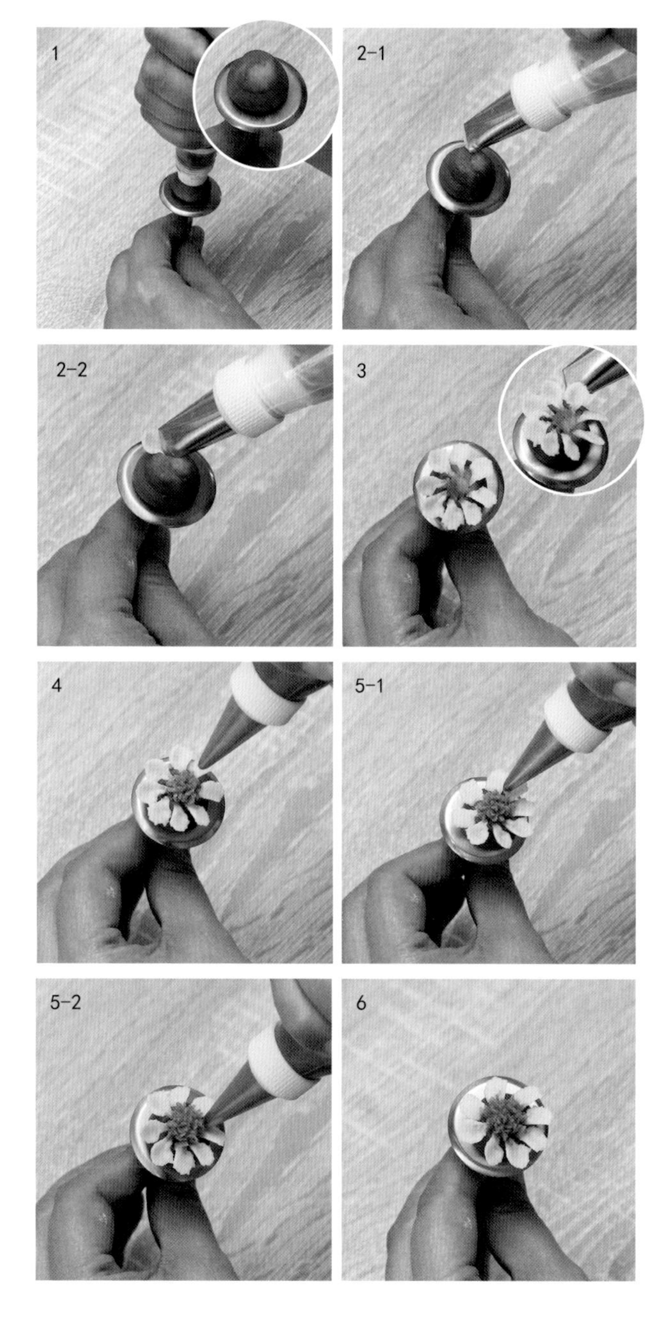

组 装

我们单独使用雏菊也可以组装小清新风格的蛋糕。

裱花嘴：101 号、Wilton 349 号、1 号、23 号

1. 抹面，在蛋糕表面晕染几块紫色。用 101 号裱花嘴，粗头朝上，垂直于蛋糕表面。朝向 12 点方向，裱一个竖直的叶片，然后花嘴左右各转 45° 角裱出另外两片。朝向 1 点多方向再裱 1 片，第二片和第三片底部回到一条直线上。
2. 同样的方法依次往下裱，得到一个完整的长叶片，可以在这个叶片的基础上往外延长。用同样的方法再裱一个小点的长叶片。
3. 采用同样的方法，沿着蛋糕周围裱一圈，注意每个长叶片的形状都有些区别，不要一模一样，也不要都朝向一个方向。
4. 可以用 Wilton 349 花嘴，用浅一点的颜色，用同样的方法，在中间再裱一些，颜色要有变化。

5. 用 101 号花嘴裱出一些大叶子来。

6. 摆放小雏菊，不要太规律，可以放在几片叶子的中间，也可以将几朵小雏菊放一起，隔一段距离再放另几朵。可以挑几朵花，把一片或两片叶子拔下来，放在蛋糕上，做出自然落叶的效果。

7. 用 1 号花嘴拉一根长枝条，然后用 23 号花嘴在枝条上轻点，做出拖尾的效果。最后用牙签蘸一点棕色色素，轻轻点几下即可。